时不时遭受些麻烦，是为了提醒你平日里有多美好。

如果尚有余力，就去保护美好的东西。

常想读书人是世间幸福美好的人，
因为他们除了拥有现实世界之外，
还拥有另一个更为浩瀚也更为丰富的世界。

正因为遇见了太多危险，
反而明白时间该浪费在美好的事情上。

一切都很好，可是没人看到，这是最寂寞的美好。

真正的美好来自于全身心地投入到对目标的追求之中。

世间美好事物不胜数，若想占为己有太痛苦了，持欣赏的态度就会很快乐。

有一件能让自己痴迷的事是美好的，至于生活，尽量简单就好了。

美好
永远
得来不易

周卫平　澹台瑞芳 ✕ 著

WONDERS
NEVER
COME EASY

中国友谊出版公司

你值得拥有美好的一切

因为走得太急，所以忘记了为什么出发。终于有了一个仔细回想走过的路的机会，所有的一切浮现在眼前。每一次给年迈的妈妈电话，只是三言两语，她会说："好了，不要浪费电话费"。忘不了我的一双儿女和家人在拍摄中的一路相随，在青藏高原5200米的澜沧江源头，女儿为了不影响我的工作，忍住激烈的高原反应，回到昆明后才用短信对我说："爸爸，这一次我差点丢了命"。

我入行二十多年，一直致力于拍民族题材的纪录片，《茶马古道》算是里程碑式的作品，但这只是一个开始。最近完成的《迁徙——在寻找幸福的路上》，我把目光对准了一群为了追寻内心所爱、获得美好生活而不断行走的人。从他们身上，我们能体会到生存智慧、生活理想以及思想光芒。正如泰戈尔所说：一路上，花朵自会开放。

我们纪录片人，其本身意义在于记录、还原与呈现。《迁徙——在寻找幸福的路上》里，每一个人都有自身的故事，平凡且真实。只不过如今的电视电影市场，对于英雄主义的倡导，对于都市剧的推崇，都使得小人物的故事、民族题材和历史题材的意义和存在比例淡化。我希望，以这样一部片子起一个抛砖引玉的作用——在大时代背景下，人们都在生活，伟人有传记，名人有娱记，但是小人物呢？也是活生生的存在，是中国目前最庞大的人群。

他们中间有价值有意义的事情被挖掘出来，是题材上的创新，也是对草根精神的一种致敬。

　　书中的人物，或是流浪歌手、或是虔诚信徒、或是族群女王、或是草根摄影师……他们选择了各自认定的生长方式，或朴素传统，或叛逆激进，或虔诚笃定，但他们都收获了我们羡慕的内心从容自足的美好。这也是我决定以《美好永远得来不易》为书名出版的原因。

　　"美好永远得来不易"是一种阅尽人间万事之后参透生活本相的智慧，平凡朴素的表达之中深藏我们对美好生活的热爱、向往和珍惜，是永不过时的生活哲理。

　　因此，无论我们当下困顿在何种生活中，哪怕不安、焦虑、挫折缠身，但当看到他们这样的恣意生长，就会获得坚定的力量去发自内心地相信：虽然美好永远得来不易，但它一直存在。

　　我们不能永远年轻，永远热泪盈眶，却永远对更美好的世界怀有乡愁。所以，告诉自己：你值得拥有美好的一切。

爱独有热血不足够

对于所追求的理想需带有
清心寡欲之态。因为只有纯粹，
才可能隽永。

古希腊有位圣人叫代阿金尼思。

有一天他在街上的滚筒中晒太阳，遇到亚历山大大帝来问他有何请求。代阿金尼思客气地回答说："请皇帝稍微站开些，不要遮住太阳，便感恩不尽了。"这似乎就是代阿金尼思的愿望了。你说他疯癫也好，笑他痴傻也罢，代阿金尼思就是这样一个清心寡欲的人。冬夏只穿一件破衲，坐卧只在一只滚筒中。他说人的欲望最少时，便是最近于快乐的境界。

对于所追求的理想需带有清心寡欲之态。因为只有纯粹，才可能隽永。

"麻烦两位交一下房租吧，已经延时好些天了。"一个抱小孩的妇女走到屋子门口，对着屋里的人说道。

"实在抱歉，再等两天好吗？"

"你们想想办法吧，我们这里从来没有欠账的。"

"好的好的，再等两三天好吗？"

"你们也想想办法吧，我们也不容易。"

"好好好，谢谢你，再等两天，等两天就给你。"

"好，快一点交给我。"

"好的，好的。"

"不好意思啊，谢谢你！"

这段对话，发生在云南昆明。在一间仅有十平方米的小屋子里，摆放着电视机、双人床、电饭煲、一张沙发，还有一名抽着烟的年轻男子。

"你怎么又抽烟啊？钱都没了还抽烟？房东又催房租了，这日子怎么过呀？"

"我想办法吧，我想办法跟朋友说，就这一两天吧。"

"你要我跟着你漂泊到什么时候？"

狭小的房间里演着一场残酷生活实景！年轻男女每天最常吃的饭就是方便面，女孩子终于按捺不住内心的悲凉，拿起包和衣服，声称到朋友家借住几天，让双方冷静冷静。

男孩子当即问道："你什么时候回来时？"女孩并没有回答他。

这个男孩的名字叫做大冲，大冲的话很少，这让人想到林玉堂先生曾说，法国一个演说家劝人缄默，于是成书三十卷，为世人所笑。如果你就此认为他是一个穷小子，抑或生活得完全没有任何质量的话，那么就有必要看看下面发生的故事。

大冲，出生在美丽的金沙江畔的一个少数民族山村，是中国具有悠久历史和古老文化的民族之一——彝族。大冲的家境蛮不错，吃住应该都算是当地的上等家庭水平。家中的土地虽然称不上肥沃，却也足够一家人的衣食住行。生活的环境也因远离城市，所以天高云淡，秀丽无比。

大冲本可以在家中生活无忧，平安顺意地过一生。但是，这样的"平凡"对于大冲来说毫无快乐可言。因为，大冲喜欢音乐，音乐是他的希望，是他的梦想。只有音乐，才能让他的生活充满色彩，充满希望。于是，原本平静的生活被这个大男孩打破了，他不满足，不甘心就这样度过自己的一生。他甚至觉得，这些美妙的彝族音乐，如果只在山里流传，那将是个巨大的缺憾。显然，在大冲的血液里，流淌着祖先不羁的歌舞情怀。

彝族是中国最古老的民族之一。

据《三皇五帝年表》记载，早期彝族存在于四千五百年前。那时候的民族并不是一开始就有的，比如汉族也是在先秦华夏族的基础上融合多个民族以后，在汉代的时候形成的。彝族由于生活在西南山区，地形闭塞，交往融合的情形比汉族少得多，于是便形成了一个血脉相对单纯的民族，并且能在四千五百年里一脉相传，生存至今。

血脉单纯使得这里的民风相当淳朴且让人们拥有了能歌善舞的特性。光演奏的乐器就有口弦、月琴、葫芦笙、胡琴、竖笛、唢呐数十种之多。彝族人内心的情怀也随着时间的更替，不断通过音乐的形式积累着、表达着、抒发着。大冲就是一个心中充满着无限情怀的彝族小伙儿。安逸的生活他不在意，在意的是内心真实的需要。于是，在 2008 年的春天，大冲选择离开家乡的热火塘，来到云南昆明。他渴望能够在这里找到一直让他内心无法安静的答案所在。

"如果你感觉累了，对我说，好吗？如果你的心碎了，告诉我，好吗？……"大冲的歌声中总有一种温暖，这种温暖不是无病呻吟的浅吟低唱，而是因为他想唱出某种情感与他人分享，同时渴望能够用这样的歌声来慰藉当下的自己。

出走后的大冲背着吉他走在昆明的街道上，没有目的地游荡着。他只能依靠街头卖艺，获得一份收入：他在天桥上席地而坐，手中抱着吉他，让文艺青年不食人间烟火的气质尽情地舒展着。大冲背对着夕阳，用来自金沙江畔的美丽嗓音讲述着他的寻梦故事。以此开始一种他预料之中也是预料之外的生活。

在昆明这座城市中，白天的街道熙熙攘攘，夜晚的街道灯火通明。对于一个游子来说，家这个字眼便显得尤为敏感。街道上，每个人脸上都呈现出安详、快乐的容颜，大人、孩子一家幸福地走在街上，这样的生活对于这里的人来说是再平常不过的一天了。但对于大冲来说，他向往的未来存在诸多不确定。此时大冲的年龄，正处于青春年少，正是在家中享受长辈膝下之欢，或是甜蜜爱情的年纪。可这个时候，大冲每天做的事情主要是在街头卖艺，偶尔他也会到街上溜达溜达，欣赏一下这座城市的风景。

有一次，大冲看到一个驯养金毛猎犬的人在街上做表演。小狗不仅表演了数数，还有换左右手的节目，表演完还叼着篮子向观看者收费。作为一个靠卖艺为生经济拮据的青年，大冲毫不吝啬地拿出几块钱主动地投进金毛猎犬面前的小篮子中，然后开心得像个孩子似的走出了人群。

古诗言："百年三万六千日，蝴蝶梦中度一春"。意思是，人活一世非常不易，所以在有生之年，不要虚度光阴。大冲在用他的实际行动履行着对流年的珍惜。

于当下，除了理想，大冲的生活可以说一切都在不合适的节奏和韵律下，但是没有别的办法，大冲选择做流浪艺人也是为了能够让梦想在他的血脉中延续。就在这样的延续中，大冲长期漂泊在外，没有固定的居所，更无暇顾及自己的身体。突然有一天，大冲意识到自己已经很长时间没有洗澡了，那种气息，让大冲感觉自己像巷子里的醉汉一样，顿时伤感失意无限。

王安石曾用王昭君的故事演绎人生失意的细节："明妃初出汉宫时，泪湿春风鬓角垂。低回顾影无颜色，尚得君王不自持。归来却怪丹青手，入眼平生未曾有。意态由来画不成，当时枉杀毛延寿。一去心知更不归，可怜着尽汉宫衣。寄声欲问塞南事，衹有年年鸿雁飞。家人万里传消息，好在毡城莫相忆。君不见咫尺长门闭阿娇，人生失意无南北。"

是呀，人生失意无南北。失意的狼狈、焦虑、无奈，近在眼前。这种不幸，定会荡涤着人的心性，让人无法平静。

理想并不在于未来

"看，那就是我们家了，从这里下去后再走一公里了，叫瓦房梁子。回去以后，我们好好过日子。"

二〇一〇年夏天，经过了两年的孤单生活，落魄的大冲来到了女友小惠的家——云南的东川红土地。

　　"东川红土地"位于昆明市以北偏东方向，属于昆明市东川区管辖下的新田乡。从昆明到达景点中心行程约有 250 公里的车程。云南东川高温多雨因而土壤中含铁、铝成分较多，有机质较少，酸性较强，加之又地处温暖湿润的环境，土壤里的铁质经过氧化慢慢沉积下来，逐渐形成了炫目的色彩。每年的 9 到 12 月，一部分红土地翻根待种，另一部分红土地已经种上绿绿的青稞或小麦和其他农作物，远远看去，就像上天涂抹的色块，色彩绚丽斑斓，衬以蓝天、白云和那变幻莫测的光线，构成了红土地壮观的景色。现代诗人肖草就曾在诗作《东川红土地》中这样描写到："古杉雷随迎晚霞，新土雨后胜红花；峦山悬梯临天底，晓风舒云尽诗画"。可以想见，景色非常秀美。不过，对于世世代代生活在这里的人们来说，风景再秀丽也早已习以为常，反倒残酷的生活环境是他们更为关心的。

　　大冲，本来打算像一个艺术家一样，为了追求自己的梦想，宁可牺牲伸手可得的安稳，即使受尽亲朋的误解，仍毅然坚持自己的梦想，从艺术中得到无穷的安慰。但最终，他还是因为无法在城市中继续生活，而不得不中断了寻梦的旅途。

　　对于大冲的到来，女友小惠很开心，希望能够就此与大冲过上幸福美满的生活。此时，大冲的沉默和女友的兴奋形成了鲜明的对比。对于小惠的种种提议，大冲始终面带微笑，时而随和地微微点头应和，时而低头沉默不语。

　　在这片红土地上，每一个人都安分守己地过着自家的生活。大冲来到这里，好像回到了自己的家乡一样，一片只能种粮食的土地。这里的生活对大冲并不陌生，不过这里的人却对这个外乡人以及他的"行囊"产生了浓厚的兴趣——

"把你的吉他拿出来瞧瞧！"

这样直白的口吻出自一位老者，他非常好奇大冲的吉他，不知道这样一个玩意儿，就凭几条线竟能弹出声响来，想一探究竟。

"是这样的，我在昆明拿这个写歌。"大冲边打开吉他箱子，边准备为老人耐心讲解一番。

老人叼着烟斗，好奇地从大冲的手中小心地接过吉他摆弄着琴弦，青涩的不成调的声音随着长满老茧的手指咿咿呀呀地传出来……

在小惠家的日子，就这样一天天地过去了。每天，大冲都坐在门口轻轻地弹着吉他，瓦屋中的两位老人一边往烧热水的炉子里添着柴火，一边坐在小板凳上听着大冲的琴声。对于这个心中有无数旋律的大男孩来说，无论身在何处，音乐的旋律始终不会离开身边。小惠家中的老阿妈身着传统服装，七寸小脚让她行动不便，大冲的到来为她的生活展开一片新的天地。人们都说"音乐是无国界的"，在这里，音乐便是没有地域年龄之分。从前从未接受过任何音乐启蒙的阿妈，听到大冲弹出《在那遥远的地方》这首歌的旋律时，内心又会有怎样的涌动呢？

在那遥远的地方，

有位好姑娘，

人们走过她的帐篷，

都要回头留恋的张望。

她那粉红的小脸好像红太阳，

她那活泼动人的眼睛，

好像晚上明媚的月亮。

我愿抛弃那财产跟她去放羊，

每天看着那粉红的小脸，

和那美丽金边的衣裳。

我愿做一只小羊跟在她身旁，

我愿她拿着细细的皮鞭，

不断轻轻打在我身上……

现实与理想总是存在着千差万别。一天，大冲从女友小惠手中接过削好的土豆，低头边沉思边一口一口地吃着，仿若入口的并不是什么可口的食物，而是侵蚀着梦想的恶魔。大冲内心是不安的，他知道在这里没有人能够真正理解他的内心。他感到彷徨，甚至有些无助，他知道自己已经抵达怎样的人生低谷。无论是在小惠的家中还是走在云南昆明的街道上，大冲无数次地想起了深山中孕育了他生命的故乡以及故乡的土地和众神。此时，苦难和忧伤，早已灌进了他的血液之中。

平时，大冲会帮女友小惠一家人下地耕田。因为没有耕田的经验，经常犯错的大冲总是被阿爸提醒："不要压住犁子，你一压，牛就挣不动了，要是老母牛，就会被累死掉。"这一席话让大冲听起来既熟悉又陌生，还有些许无奈。蓝天白云下，大冲和小惠一家人相处得还算融洽。老人知道孩子们大了，总有一天要离开家到外面去谋生活，抑或是看出大冲并没有打算长期在这里待下去的意思，于是这几天总是不停地叮嘱着大冲："孩子们，你们在城里面要真心实意地跟着老板干。不要调皮，不要早退。为了一家人的日子过得好一些，要努力工作。"

司徒雷登先生曾说："自由是神圣的，庄严的，所有人都应当追求自由，所有人都应当坚信自己有能力获取自由。"大冲在寻求这条自由的音乐道路上，走得跌跌撞撞。终于，事情发展到了这一天——

大冲和女友小惠两个人来到一片山花烂漫的山间小道，秀丽的风景无法使大冲的心安静下来。两个人一前一后地走着，谁也没有开口，好似一开口便满是失望。最终，还是大冲打破了沉默："小惠，经过考虑，我还是想回到城里去，我想再努力一下，毕竟还年轻。努力了以后实在不行，我再回来。最起码我想去找点机会。我不想在这里等。"对于大冲的反应，小惠并没有说什么，仿佛是在她的意料之中一样，毕竟感情是相互的。

两人回到家中，小惠就来到后屋的瓜田中。阿妈正在担心今年的收成："太旱了，有几个瓜也旱死了。"小惠脱口而出大冲要回城的打算："大冲要走了，他在这里待不下去了。"

"他为什么要走啊？他嫌弃这里不好吗？他不习惯吗？不要走，到处都辛苦，他为什么要走呢？"阿妈很是不解地问出一连串的问题。

"他嫌这里没什么前途！"小惠喃喃地说。

"哎哟，要去苦干的嘛！庄稼人要去苦干的嘛！为什么要走，没前途也没办法呀！"阿妈依旧不能理解大冲要走出大山的举动。

常言道，好男儿志在四方。大冲现在无暇顾及所谓的生活，所谓的情感，只知自己的理想还没有到放弃的那一天。这是一种单纯、简单、明了的不夹杂一丝丝怀疑的确定。

临走前的几天，大冲依旧帮小惠家里干着农活。但时间还是走到离开的那一天。

这一天，小惠送大冲上路。

看着一直不说话的小惠，大冲忍不住安慰说："不要难过，我不是真的要走，我在这里实在是待不下去了。我也不是苦不得，只是这里实在是太无聊了。我闲不住。"

"不走不行吗？"小惠哀求道。

"唉，你也知道我有我的理想，我有我的追求。在这里没有可能，回到城市我起码可以找到一些机会。我先去那边安顿下来，好吗？我们保持联络，就这样吧。"

大冲走了，小惠站在大冲的身后，一直低头不语，她心中深爱的这个人用一种远离她的姿态独自上路了，她不知道他心中理想的终点是什么？但是作为一个女人，一个生活在大山中的女人，也许默默的支持和关注，才是她最好的爱他的方式。

虽然是大冲主动离开了女友，但实则是大冲进入城市的第二次失恋。

对此，大冲也曾反思过，"其实这两年，最对不起的就是我父母，还有曾经跟我在一起的两个女孩。她们都对我非常好，但最后都是因为我的生活实在没有改观而分开，我一直在努力，也尽力了，但承诺都变成了欺骗。"

"她们没有反对我做音乐。我的特长就是写写歌，唱唱歌，所以她们也挺喜欢我这样做，她们没有抱怨过什么，选择离开时都说对不起了，坚持不下去了。"

大冲口中的她们，就是那些经过他生命的女孩，这样一次又一次的离别，让大冲的内心积压着许多无名之感。大冲从来没有放弃过寻找，无论是音乐还是爱情。这些经历，最后都成了大冲音乐创作的源泉。残酷的、温柔的、伤感的、明亮的，危机与沮丧交织在一起，无论经历怎样的岁月磨砺，也无论经历怎样的岁月变迁，理想和生活都要好好地继续下去。

大冲不得不承认，走出大山，走入城市，这样的理想并不是简单的一句话就能够实现，或者仅凭信心和毅力就能够完成。理想并不在于未来，而在于现在，在于脚下。

"希望在哪里，爱情又在哪里，信仰在哪里，音乐又在哪里……"大冲的歌声飘荡在昆明这座城市的上空，川流不息的人群在大冲的歌声中穿梭而过。

天涯海角有知己

苏轼有句名言："君子所取者远，则必有所待；所就者大，则必有所忍。"从乡村到街道，再从街道来到酒吧，大冲的音乐之路在一步一艰辛，一步一忍耐中渐渐地成长为他心目中的样子。在灯红酒绿的繁华街景中，大冲用歌声唱出对于生活的期待和向往、迷失与彷徨。

正在这时，一位神秘的人物悄然出现在大冲的身边，他就是美国流浪鼓手安迪。来自视自由为生命国度的安迪是个随性大男孩，身着宽大的 T 恤衫和牛仔裤。这样的装扮让他瘦小的身躯显得更加空荡荡。

安迪和大冲一样都是流浪歌手，两人相识在云南大理，音乐让他们成为朋友，成为伙伴。每当想念家乡的时候，两人就互相哼唱或弹奏他们家乡的歌谣。安迪开心地说："我来到中国认识了大冲，我们一起做音乐，实现我们的梦想。"

二〇一一年的夏天，大冲跟安迪打算进行一场旅行，这场旅行的目的地就是大冲的家乡——云南大姚。此时的大姚正处在一片盛夏的好时节。在各种光和影的作用之下，大姚呈现出一种梦幻的自然景象。六月，这里阳光和雨水的丰沛，为当地带来了无限生机，庄稼也仿佛看到了大自然充足的给予，积极且充满朝气地迎合着人们蓬勃的心情。

因为志同道合，且相识多日，在回家的路上，大冲与安迪选择随性赶路，他们走到哪里就弹到哪里、唱到哪里。有时候走累了，就坐在河边的石滩上小憩一下。即使如此，他们也闲不下来。大冲弹起吉他，而安迪就用手中的石块敲打出与大冲吉他旋律相配合的节奏。他们就这样走一路，弹一路，弹一路、笑一路。不能不说，从前沉默寡言的大冲终于有了可以笑谈的理由，因为此时此刻，他看到了纯净的理想。有音乐、有朋友、有家、有欢笑。所求的一切说简单也简单，说艰难也艰难。

回到大姚的途中，大冲和安迪在半路搭上了一班汽车。当走到一个延绵盘旋的山坡时，大冲突然眼前一亮，手指着前方喊了出来："离我家很近了！"虽然此时此地旁边就是悬崖峭壁——与"家"没有丝毫的相似，但大冲脸上的兴奋之情已经非常饱满。

如果你感觉累了，对我说，好吗？如果你的心碎了，告诉我，好吗？……

大冲终于回到了感觉累了、心碎的时候可以安心憩养的地方。

大冲的家住在民居的板楼里，周围的居住环境像是城乡结合部。这次回家落脚只是暂时的，因为大冲打算带安迪去见见什么是真正的乡村。不过，大冲的妈妈不会轻易就放走多年不见的儿子，大冲也打算先整理一下自己在外面穿过的衣裳和物品再做打算。

"你穿妈妈给你准备的裤子回村子老家，不要穿这条破洞的裤子，不然你的小伙伴们会笑话你，说大冲没出息，连衣服都买不起。"一辈子没出过深山的妈妈自然是理解不了这种破洞的时髦。

此次，美国大男孩安迪跟着大冲回老家，对于他来说，也是第一次与中国乡村亲密接触的机会。他们从大冲的家搭车深入更加偏僻的村落，向大冲的老家走去，一路的秀丽风景让这位来自美国的小伙子目不暇接。不多久，大冲招呼安迪下车，因为他们要步行一段路才能到达目的地。对于这对"小伙伴"来说，此时此刻，自然的风光带给他们城市里所没有的轻松感。尤其是安迪，仿佛越是危险的环境越能刺激他兴奋的神经。正当他们轻快地走过满是石子的山路时，一条湍流的溪涧挡住了两人的去路。此时安迪先一步跨了过去，大冲却被困在了溪流中间的一块石头上，湍急的水流从大冲的脚面上冲刷而过。这时，安迪发挥了他灵活的特质，体重较轻于大冲的他抓住岸边的几缕柳枝，一只脚站在溪流的边缘，身体呈四十五度倾斜，一把抓住了大冲的手，两个人一同使劲，同时跨过了溪流。

此时的二人，沉浸于大自然的"山之麓"，"水之滨"，徜徉于幽幽空谷，泠泠清溪，迭迭层林之中了。自然美予人以特殊的精神愉悦的同时，也陶冶人的情操，净化人的心灵。所谓心灵合一，在大冲这里，就是心乐合一。

两人走着走着，到了山上的小屋，这是大冲小时候经常来的地方。屋内的小狗摇着尾巴跑出来迎接大冲和他带来的客人，在跟家人和众乡亲打了个招呼后，大冲赶忙拿起他的吉他，与安迪跑到了山上，开始了他们盼望已久的"合作"。

山上的风景非常之美，丛林茂密，奇峰竞秀，山间的苍松翠柏郁郁葱葱地展示着美姿，飞泉叠瀑藏于深涧，各种珍奇花卉和名木古树点缀在其中。

　　山上的孩子们看到大冲带来了一个外国人感到很是新鲜，总是不停地在他们身边打转。安迪看到小孩子很是喜欢，于是就与他们打趣："你好，我是老外！哈哈"。边说，边弹奏着手中的吉他，还轻松地吹起了口哨。此时，一位乡里的阿伯拿着中国传统乐器唢呐走了过来。

　　对于安迪来说，唢呐这玩意儿可是闻所未闻，见所未见的。安迪睁大眼睛凑了过去，细细端详：木制的锥形管上前七后一地开了八个孔，管的上端装有细铜管，铜管上端套有双簧的苇哨，木管上端有一个铜质的碗状扩音器。大冲看到安迪的神情便知道他很想试试这把神奇的乐器。于是，大冲跟阿伯商量说，能不能让安迪吹吹看。

　　安迪把唢呐拿在手里，做模做样地吹了几口，但是对于自己吹出来的"五音不全"他只能咧嘴笑笑。安迪很是纳闷：为什么老伯看上去吹得如此轻松？

　　"我只吹过喇叭！"安迪自我安慰又有些自我嘲讽地对大冲说，"现在我是半个中国人，也许明年我就能行了。"安迪示意让大冲也试试看。大冲接过唢呐，试着吹了起来。也许是骨子中流淌着中华民族传统的血液，也许因为大冲对于唢呐并不陌生，同样第一次吹奏唢呐的大冲比安迪听起来好很多，安迪心里痒痒的，又拿过唢呐来打算试试。

　　第二次试吹的安迪因为有了上次的经验，这次吹出来的音色有少许进步，于是便自夸起来："我是冠军，我想我已经是冠军了。哈哈。"

　　古人云：好友如金，尤其是志同道合的好友。朱熹曾说，结交朋友，并不是为了共同酒宴游玩，而是为了能互相增进彼此的德行。同为宋代的著名史学家司马光也说：朋友"应有切磋"。大冲与安迪就是这类朋友的代表。

转眼之间到了晚上。大冲和安迪两人决定与山里的长辈一起吃饭。这时桌上的饭菜都已经摆放整齐了，大家都坐在院子里长凳上，准备在星空之下听听大冲和安迪的故事。很久没有回老家的大冲一饱对家乡的思念，让他久久思念的家乡"味道"也在今晚得到了满足。

不知是大冲继承了家族的音乐传统，还是家人受到大冲热爱音乐的影响，整个大家族二十多口人轮流唱起了山歌，坐在其中的安迪此次乡村之行可谓是受益匪浅，开阔了眼界。作为客人，安迪也谈起了吉他，唱起了自己家乡的乡村民谣。在这里，音乐让两个不同国家的人有了沟通的桥梁。

人生有时需要归零

得知大冲又准备上路了，于是家里的老人打算等第二天一早就为大冲喊魂。

"喊魂"听起来是一个有点瘆人的称谓，但这对于彝族人来说，却是魂兮归来的好兆头。这一天，不仅人要团圆，魂也应该团圆。将远游的魂魄唤来，不但可以应了团圆之意，还可祈福消灾，祈求家里人畜平安、家业兴旺。喊魂在彝族人心中、生活中都是一件极其重大的事。在整个祭祀过程中始终都要保持神情肃然，态度虔诚。

这里有一个传说，说每个人都有三个魂魄：一个时常在人身边，一个时常在家中，还有一个则常年在外游荡。据说魂魄在外游荡过久，人的精神力量会有所削减，不但会导致神志不清，容易生病，还更容易见到邪秽之物。喊魂的目的，就是要把游荡在外的魂魄喊回来，避免它过久的漂泊。

大冲家的喊魂从一早开始准备，到了晚上七点一刻左右正式开始。女主人把已经准备好的香点燃，开始插香，为后面的"喊魂"仪式作准备。"喊魂"仪式中所用的香是土法炮制的一种烟黄色、直条状的香，长约一尺。这种香通常又叫做"讯香"，作为用来和神灵魂魄之类取得联系、进行交流的一种工具。

插香时，一般由各家正大门开始，慢慢往里插到正屋。据说这样做是为了给魂魄指示路径，引导他们归来。通常来说，正对大门的前方插两炷，门柱上左右各一炷。门前的两炷是用来敬天地的，另外两炷则是用来给魂魄指示家的所在的，好让他们顺利找到归途。除此之外，厨房灶门灰烬中也插了两炷香。

按女主人的说法，这两根中柱象征家中的领导者、保护者。因为为这个家的平安已经辛苦了一年，上香敬它既是慰劳，又是为来年祈福。大冲家的家境比较富裕，因正堂中放有一套组合柜，占据了供桌应在的位置，神龛下面的墙面又已为一些彩画所遮蔽，所以不能插香。于是大冲母亲找来了两个空的罐头瓶安置讯香。

插香虽然只是为喊魂做准备，但是每插一香都必定先作一揖。

七点二十五分插完香，家人把大冲叫过来，并迅速地在正堂之中替大冲剪断了手腕上所系的魂索。这种"魂索"是由多种颜色的彩线组成，一般只有小孩子才戴，而大冲因为常年在外，家中老人便制作了魂索为保佑大冲平安。

剪完大冲的魂索，再逐一剪下家里其余人衣物上的线头或衣角。在家的人一般剪掉身上所穿衣服的线头，出门在外者则取掉经常穿的衣服剪一碎角即可。然后将剪下的线头和碎布交给主妇拿到厨房，裹在火把中点燃，这样做的目的是要烧掉一年来家人的霉运和晦气。与此同时，主人的儿媳要取下堂中神龛上所供的铜铃。

主妇把燃烧的火把交给主持叫魂的主人，主人手持火把、口诵经文，绕正堂走一遍，目的是祛除家中的邪秽。绕完正堂，再将火把放在院中正前方敬天地的两炷香右边。

七点三十分，主持叫魂的主人走回到神龛前。这时候主妇取来酒、饭递过去。接过酒饭，主人左手端酒，右手端饭——盆中盛有牛肉煮的稀饭，以及八个囫囵鸡蛋，其中牛肉是六月二十三敲牛仪式中分来的——然后主人面向神龛念念有词，此时语速较快，大意是祈福消灾，申明献饭的诚心。四分钟后，主人转身走到正堂门前，又念了大约三十秒，大意同此。再走到堂屋右边的厨房，面对灶门又念了二十秒钟，这才回到堂上。这时，主持喊魂仪式的主人一进门即转向门外，放下酒碗和饭盆，右手接过小孩子递来的铜铃，开始了喊魂的正文。他一面念经一面摇铃，念经与摇铃都十分有节奏。所念经文每句伴有四句铃响，每句经文都有五个音，三、四、五个音节上各有一声铃响。第四、第五个音节之间的间隔比前面每两个音节之间的间隔要长。

七点四十五分左右，经文已经诵完。主人这才开始大声长呼，为家中每个成员乃至家中牲畜、农作物喊魂，以祈祷家人健康、五谷丰登、六畜兴旺、家道昌盛。这段经文共持续了三分钟，喊魂仪式到此正式结束。

喊魂时有较为固定的顺序，一般是从长到幼、从血亲到姻亲。喊魂时所喊名字，一般是其出生后满月那天祝米客仪式上长辈给取的名字，而不是后来取的学名。婴儿出生后，要请阿訇起一个经名，然后产妇的娘家要送红糖、米、鸡蛋来表示祝贺，也就是送祝米了。而婆家准备茶饭待客表示回敬。除此之外，喊魂时给病人和健康人喊魂声调会有所不同。作为妇女，嫁人生子后，喊魂时便以孩子的名字为基础，呼之为"某某他妈"，若未生子的已婚妇女，喊魂时仍唤其名字。已婚的男性亦如此。

"魂"回来了，对于大冲来说，从家走出去到再度回来这一趟，大冲仿佛被大雨冲刷了两次一般，从精神到身体，再次获得了重生。重生，意味着人生需要归零，但归零前，需要知道上一次自己最饱和的状态是什么？大冲知道，虽然很多时候不说，但他清楚极了。所以才一次又一次地坚持离开。但这次主动回家，是他知道需要喊一喊自己，让自己那些还未唤醒的细胞重新激活，带给他更加旺盛的生命力。年轻人需要这样的生命力，温室里长不出参天大树，他也让爱他的家人知道他的目标是不断寻找属于自己的幸福。再次踏上寻梦之旅的大冲此时带着满身的祝福，此刻的他更加明白，只有经过风风雨雨的考验，人才能拥有属于自己的心灵归属。

只此一生，必须热情

幸福就是心里面的一种感觉，对我来讲，能够坚守就是一件幸福的事情——对瑶医，对爱情。

盘古开天地，这句经常在神话中出现的话语实际上有据可考，这其中所谓的盘古就是瑶族祖先。瑶族是一支古老的少数民族，他们的民风淳朴而剽悍，因为人口多，除了很多居住在山区之外的瑶族人，还有很多跨境而居，越南、老挝、泰国北部都有瑶族的足迹，同时它也属于越南的五十四个民族之一。"无山不有瑶"，民族历史中关于瑶族的来源，说法不一，有的认为他们源于"山越"，有的则以为源于"五溪蛮"，更多人认为瑶族的来源是多元的，比如瑶族与古代的"荆蛮""长沙武陵蛮"在族源上有着密不可分的关系。

瑶族是最早接受汉族文化熏陶的民族，而且是最早使用汉字的少数民族。它身处三千二百米的哀牢山段、云南省南部边陲山区的金平县。金平县的南端与越南接壤，云岭山脉东西走向，使得当地从视野上看来，一面是哈尼人的哀牢山，另一面是无量山，并且它们以藤条江为界分为分水岭和西隆山，形成"二山二谷三面坡"的奇特地貌景观。

身处其中的瑶族绝对配得上美玉旁的"瑶"字。经过历史的演变，如今的瑶族已经积累和发展了很多本民族的风土人情，像民族风格的衣衫一样艳丽而震惊四方。比如自古以来的男大当婚，女大当嫁，这都是适龄男女的必说之事，而中国传统中，女方嫁给男方，生的子嗣会随父亲姓，这也是千百年不变的规定。但在"瑶族"这里，嫁郎、嫁女都有一个别样的说法，这个说法，要从一个名叫曹姑娘的女子说起：

曹姑娘出嫁了

阳光从木板间的缝隙中争先恐后般地挤进不足十平方米的简陋房间中，如同初春沉静的阳光从树隙间斜斜地照进你我的记忆一样，美幻而不可方物。在一片不可捉摸之中，女孩如往常一样走进木屋，沉重的头饰被取下，系住衣裳的腰带也被解开，透过阳光，可以清晰地看到尘土随着微风吹进房间，飘洒在空气中。屋子中间有一只盛满水的木桶，荡漾开的水纹，简单静穆。女孩背对着阳光，轻轻地走进木桶中，只有戴在脖子上的银项圈始终没有摘下来，在阳光的反射下闪着盈动的光。坐在木桶中女孩捧着水轻轻地撩洒在身上，而蒸腾的热气仿佛解开了皮肤上的每一个毛孔，让它们得到了充分的滋润。

这名女子姓曹，我们叫她曹姑娘。曹姑娘正经历着一个神圣而庄严的时刻。曹姑娘的行为，并不是发生在每天的清晨或晚间，也不是过节时必要的礼仪。因为次日，曹姑娘将跨过这道她从未走出过的"门槛"，去见证另一个世界的美好——完成一场从姑娘到新娘的华丽蜕变。

曹姑娘的仪式不仅是一种类似西方宗教中洗礼性的时刻，更像一种呈现中华民族传统文化的仪式。木桶中的水在此时并不是一般意义上的水，而是充满着大地灵性之精华的草药之水——药浴。

　　药浴是瑶族人的祖传秘方，瑶族人有每天泡瑶浴的习俗。药浴所用之药通常是由几十种甚至上百种新鲜草药配制而成，凝聚着瑶族人的智慧。药浴的用处有很多，比如生孩子后母婴都要洗药水澡，据说婴儿洗后能够增强免疫力，产妇可以祛风去瘀，补身强体，而且产后一星期就可以下地劳动了。在这里药浴是否像洗礼般具有某种宗教的意味，不得而知。但无论怎样，药浴在当地人心目中的作用至今未被其他替代。据当地人说，这药浴中蕴含着身体的诸多秘密。

　　结婚对于当地人来说——同城市里的人一样——是一件值得相当重视的事情。首先，结婚就要选个好日子。在哀牢山，人们通过占卜来挑选吉日。接着迎亲者一般都要派出能说会道的人或者是在当地人心目中有威望的人，三个或者五个甚至更多去新娘家迎亲。这时，如果能带上新郎或者新娘的一套服装或服饰则是件锦上添花的事。

　　洗完药浴后，一大清早，众多的阿嬷围站在曹姑娘的周围，开始帮这位新娘梳妆打扮。老人们先把曹姑娘的头发散开，齐腰长的黑发顿时倾泻而下，透着自然质朴的气息。待大家都忙疏通整齐后再猛地高高抓住束起，样子仿若古时候举人的发饰一般，让这位本来柔弱的姑娘展现出逼人的英气。红布是这个时候必不可少的装饰之一，缠绕在束起的头发上，展示出喜庆的气氛。待阿嬷们手脚麻利地梳妆完毕，天色还算尚早，此时屋子外面已然围坐众多曹姑娘的家人和村里的邻居们，他们有男有女，而很多人的头上都扎着像鸡冠一样的红色绸缎，以表示庆祝曹姑娘结婚。这像鸡冠一样的红绸装饰，俗称"冠礼"。

　　"冠礼"在当地也代表着一种相当隆重的仪式。用在婚礼中，寓意成家成人。其实早在"冠礼"之前，在瑶族地区，凡年龄满十三四岁的男孩，都要经过一次类似"冠礼"的受戒仪式，也就是度戒。举行过仪式后，瑶族的男孩才表示已经成人了。从经书记载的时间看，其实早在明朝就有了"度戒"仪式，如今这样的仪式已经发展成为瑶族民间传授道教的主要形式了。

　　依照传统，身为哈尼族的曹姑娘，婆家是住在大山深处瑶族寨子中的瑶族人。一般情况下，瑶族是不与外族通婚的，他们习惯招赘。男女青年婚前恋爱比较自由，他们利用节日、集会和农闲串村走寨的机会，通过唱歌形式，寻找配偶，"各自配合，不由父母"；也有需要征求父母同意，请媒说合结婚的。所以，曹姑娘来到瑶寨，不只是一个外乡人嫁到别村，更是一个打破常规、不受束缚的女人的象征。她的到来，让瑶寨的乡民有着血液奔流的兴奋，有着某种好似要突破那些墨守成规的传统般的欢喜。

　　结婚要算好时辰，这是当地婚丧嫁娶一定要遵守的规矩，这也让婚礼的举办借了天地之喜气。接亲来的新郎和众亲人在好时辰到达曹姑娘的家中。双方进行了简单的仪式之后，准备走向瑶村的曹姑娘，还要进行最后一项庄严而充满仪式感的"打理"，那就是在扎好的发髻上增加一个类似弓箭模样的木制的三角形支架。这个支架的做法很简单，在牢固地绑在头上之后，再在上面围上一块红颜色的麻布，像中国古代女子出嫁一样，盖住脸庞。红麻布上面放上了两条沉沉的红籔子，走起路来红籔子随着身体的韵律轻轻摆动，让曹姑娘的整体装扮显得传统而端庄。随后，从红色的裙摆中伸出一只裹着白色缠脚的红色绣花鞋，曹姑娘跨出了门槛……

　　"天上的月亮圆圆的了，山里的花朵红红的了，长翅的鸽子要远飞了，长大的女儿要出嫁了，生我养我的父母双亲，我不想嫁到别人家。"一首当地传唱的哭嫁歌在新郎和迎亲队伍走在山间时，伴随着喜悦的泪水，唱出了新娘不得离开父母，家人也不舍得与新娘分别的心声。虽然难以避免这样的不舍，但婚礼终究是一件喜事，送亲的队伍中始终还是有很多笑容的。新娘身上的装饰，叮叮咚咚发出声响，仿佛伴随着歌声唱出出嫁的喜讯。这时候，送亲队伍浩浩汤汤，惹得沿途的乡亲们也出来围观，希望沾沾喜气。

此时的曹姑娘，正在这条路上寻觅着自己走向另一个未知路途的方向。除了作为一个新娘的或欢喜、或忐忑，相信还或许有某种获得拯救的感情正在聚合。从孤独中拯救出来，从一个地方到另一个地方的转换，这首先是一次有关心灵的调整，曹姑娘需要将变化从这一刻起融入到自己人生的整个旅程之中，然后用她的轻松、从容的心境去迎接未知带给她的变化。这条通往夫家的路，她从来没有走过，今后却要义无反顾地如此走下去。

终于到达新郎家——瑶寨。瑶族寨子是个与大地相交融的山村，身处哀牢山南段。因为身处深山，天色往往色彩斑斓，天边的云彩仿佛成断层状，与云下土地的梯田交相呼应。向远处望还能看到层山叠峦，梯田的间隙行走着劳作的耕民。在这里，高山已经远去，所有的景色都发生了根本性的变化，雪峰完全被绿色的大山所取代，清澈的泉水从山间喷涌而出，群山深刻的褶皱中，也有了越来越多的人迹。在曹姑娘大喜的日子里，送亲的队伍将她从哈尼族的故乡带到瑶寨，新生活就此打开。

每个人在一生中都要经历这样的时刻，只不过我们身处在不同的时空和地域罢了。越是盛大的婚礼，越容易让人们形成了一种错觉，这样做不是为着展现幸福，而是为着旁人的眼光而显得幸福罢了。所以，山里的一切就显得特别珍贵，特别纯净，乡村的浪漫、秀丽与天真，使得曹姑娘的婚礼，透着一股子简单、干净的气息。

　　新郎家的人此时全部都到院子口迎接曹姑娘。喜堂门口挂着彩，几个乐队里的人穿着红色的喜服，坐在门口等着"命令"——他们把大鼓和唢呐撂在一边，铜喇叭夹在两膝中间。正在此时，围坐在周围的人都笑了起来，原来曹姑娘和新郎已经步入新房中开始了行礼。

　　新房中，大大的红色的喜毯早就铺好。只听负责主持这次的婚礼的道公李承旺，仰头高声喊道：

　　一拜祖宗众圣；

　　二拜父母之恩；

　　三拜三男四女；

　　四拜四季平安；

　　五拜五音六晋；

　　六拜六路同行；

　　七拜七姐团员；

　　八拜八百年间；

　　九拜九路同行；

　　十拜夫妻两性为婚；

　　拜了席被千岁万年，夫妻两性变成鸳鸯一对。

掌声和道公洪亮而有力量的声音交融在一起，新娘和新郎在众人的注视下屋内行礼，屋外亲人乡亲争先恐后地围观，唢呐声声。

美好的祝福献给新人，在瑶族这里有着非凡的意义。因此总有一些被赋予了"幸福"含义的信物出现在他们的婚礼上，雍仲和巴扎图案是当地最常用在婚礼上的吉祥标志，——雍仲表示永远不变，巴扎表示爱之结，期盼新人们的爱亘古不变。

瑶族的婚礼按照习俗一般要举行三天。吃饭以及通宵达旦的唱歌跳舞是很多婚礼上的重要部分。像城里人一样，众亲友围坐在一个个饭桌旁，推杯换盏，笑意盈盈。婚礼从一个仪式变成一个汇聚亲朋的地方。

瑶族本身是一个善歌舞的民族，他们所秉持的音乐、舞蹈起源于远古的劳动与宗教。他们的舞蹈著名者如长鼓舞、铜鼓舞，是祭祀盘王、密洛陀的大型舞蹈。民间盛行的舞蹈还有狮舞、草龙舞、花棍舞、上香舞、求师舞、三元舞、祖公舞、功曹舞、藤拐舞等数十种。

这样的舞蹈并不随时都可以拿出来"展示"。就在曹姑娘举办婚礼的时候，村子里的道公有些郁闷。因为听说有领导要来他们的村里，县里和乡里的干部来动员他表演舞蹈，而道公进退两难。

道公坐在竹藤编制的椅子上，抽着竹筒里吸出的烟锁眉沉思。

"道公，祭祀的仪式要请你表演一下嘛！"

"不能表演，不能随便表演，会被阴间的师傅惩罚。要到清明节，七月半过年的日子才能搞。"

道公这里所说的祭祀仪式，指的是瑶族敬奉盘王的习俗，这味习俗可以说产生的渊源甚早。晋干宝《搜神记》中已有"用糁杂鱼肉，叩槽而号，以祭瓠父"的记载。相沿至今仍未绝迹。就像旧时的瑶族，家家供奉盘王，片肉醇酒，必享王而后食。各地的社庙香火终年不断，请神驱邪活动也非常之频繁。这种祭祀仪式常由师公、道公主持。其中舞蹈称师公舞、道公舞，细目甚多，且因地而异。

道公依旧被劝说着，当听到"现在思想都解放了，什么时候表演祭祀活动都可以这样的说法"，他说："做不得，这是老祖宗的规矩。"

"规矩也可以改革呀？"

"改革要对得起我们的祖先。"

"思想解放也不行呀？"

"无论怎么解放，这个规矩不能解放。表演真的不能随便做，会遭报应的。"

令生活光芒万丈的事

哀牢山因为水土的滋养，让这里的乡民有了与自然浑然一体的思维方式。可以想见，在日夜轮回之中，乡民对于生活的想法时时刻刻以各种自生长以来就扎根于思想中的"墨守成规"为准则。虽然天地无穷，人生长勤，但生活的足迹证明，这些"墨守成规"是完全没有任何意义的斑斑点点，因为它们会让人本应有的智慧受到由锐而钝的侵扰。

"进山唯恐不高，入林唯恐不密"，智慧从朴实的生活照进现实劳动。瑶族人因为生活在哀牢山南部，他们的日常生活中总是与大自然有着亲密的接触，通过口耳相传的古歌，交流、冲淡着生活的感受。对于山里人来说，很多时候，幸福就是生存本身。柴米油盐酱醋茶，一切看来稀松平常的凡俗之事，在这里都是幸福的证明。生活在哀牢山的人们的饮食，并不会因为有婚礼这样推杯换盏的机会便肆意大吃特吃。因为他们认为，凡是烹饪之物，无论是大自然赐予或是人工培育，都消耗了人的劳动，所以一切皆来之不易。凡是能食用之物，都要善于利用，一滴血、一粒米、一叶菜，也要尽量加工为食，否则就是罪过。

可以看出，风俗在当地让所有的事情变得不那么普通，都被赋予了某种使命。当大家吃过、笑过之后，曹姑娘的使命并没有因为拜过天地而终，她还要参加作为一个瑶族妻子必须经历的收头仪式。

据说收头以后新郎就能管住媳妇。对于这样的习俗，当地的老人说："做姑娘就是包包头，做媳妇就顶红布，老人们拿发蜡来理头发，用线把头发干干净净地束起来。以后一个月才梳一次头，要用火烤，把蜡烤化才梳得了。"对于瑶族妇女来说，服饰的改变，不仅意味着身份的改变，同时也意味着责任和地位的改变。此时再看曹姑娘，美丽的包头已经从平头变为尖头，几米长的红布在未来的岁月中将长久地缠绕在曹姑娘的尖头上。

"初，裁衣之始也。"人生一世，亦如一匹辛苦织成的布，一剪子下去，一切就都裁就了。

曹姑娘虽然嫁到远在家乡几百公里的瑶村，但也是从蒙上盖头的那一刻起便有了"知天命"的感悟。天命赋予她的便是传承瑶医文化，而她也愿意顺应这样的"天命"，却并不妄自菲薄，并且不断地探求其中能带给她快乐的自我。这样的探究对于一个山里的姑娘而言，是多么弥足珍贵的心性与顿悟，正是这样的心性和顿悟，让曹姑娘开始接触到古老而神秘的瑶医。

瑶医可以说是瑶族人民的智慧结晶，在当地已经有非常悠久的历史和丰富的治疗经验，并且在瑶族人的认识中具有非常重要的地位，他们对于汲取大地之精华的草药具有一种不可抗拒的信任感，因此，瑶族家家户户都有采集草药的传统。

要说到瑶医的传承，开始是以师传徒，父传子、母传女的口传方式代代相传，同时又不断地吸收其他民族的经验来提高自己的医术，之后就逐步形成了如今具有瑶族特色的一套医药理论。如今，曹姑娘将步这些瑶族先民的后尘，继承和传播瑶医。

在进入瑶医的天地之前，要举行在当地人看来极其重要的仪式，首先要沐浴净身。香裱和祭物早在几天前就已经准备好了，曹姑娘要在神前启示，用自己的所有热情和虔诚把瑶医传承下去。其实，哈尼族曹姑娘能够学习瑶医，在当地非常罕见，要不是因为瑶医即将面临失传的境地，身为外来者的曹姑娘根本不可能有能够学习和接触瑶医的机会。

"我们要去山上采药，药在悬崖上，上面的药妇科洗澡不能少。但那里太滑了，要注意安全。"每天清晨，曹姑娘便背起竹篓，跨过险滩和急流，到山上采摘草药。采草药的重要性，用曹姑娘的师傅一句话就可以证明：在瑶山没有病死的，只有老死的人。

曹姑娘的师傅在当地非常有名望，她让每一位经过她调教的女子都有着敏捷且矫健的身姿。她们爬上要手脚并用才能确保安全的高山峻岭，有时，她们会来到风景如画的山涧，光脚站在湖水的浅滩处，看着水流从山上一层一层峦叠而出。女人的柔情与险峻山峦形成了鲜明的对比，毕竟高原和山川对于女人来说，是难以适应的。但瑶族人在深山中建起了自己的家园，女人就不得不选择在这里生存。能够赤脚在山路上行走，是每一个瑶族女人的特长，也正是因为她们在山间行走，才走出了一条独特的养生之路。

巴甫洛夫曾指出："有了人类，就有医疗活动"。对于医药的认识，就是人们对疾病和治病的认识过程，它产生于人类社会生产劳动和生活实践，是随着人类社会的形成而形成，又随着人类社会的发展而发展。如今，瑶医在诊断方法上采用望、闻、问、触外，有点类似于中医，他们常用的还有甲诊、掌诊、舌诊、耳诊、鼻诊、目诊、面诊等来辨别疾病。在治疗方法上，除了采用针灸、针挑、骨灸、蛋灸、麻灸、艾灸、拔火罐、按摩、刮痧等方法，还应用瑶医特有的磨药疗法、杉刺疗法、火功疗法、火油灯疗法、火堆疗法等治疗一些疑难杂病。瑶医临床用药达一千多种，并且在长期的实践中，根据药物的性味功能及其所治疾病的特点总结出独具一格"五虎""九牛""十八钻""七十二风"一百零四种瑶医常用药，并把药物分为"风药"和"打药"两大类，从而更好地指导临床用药及传录给后代。

幸福，这个字眼，就像一千个人心中有一千个不同的哈姆雷特，作为生命个体，每个人对于幸福的追求有不同的呈现方式。不同的呈现方式，将成就不同的人生轨迹。对此，有些人会拒绝本应该属于他的生命轨迹，并不断地用各种借口让它显得合理。而有些人则会选择顺应自然，学会接受和感受，在这其中发现某种幸福的闪光点。

已经嫁到瑶村的曹姑娘，整日与瑶医文化为伍，还有一个原因是她的家庭也受到丈夫外出打工的影响。原来嫁到夫君家中没多久，丈夫就背起行囊远到县城去打工了。这样的行为可以理解，如今越来越多年轻人如同曹姑娘的丈夫一样希望能够用自己蓬勃的青春和强壮的身体，为自己的家庭和女人换来美好的生活。

对于曹姑娘而言，或者于我们每个人来说，初入一个陌生的环境——这经验现在多么普遍——尤其是在一个人的时候，有种苦里带涩的味道，那滋味沁入脾胃时，小小的、轻轻的又有些不着痕迹的尖锐的伤感。但时间不会允许你感伤太长时间，因为每个人都有当下必须履行的使命。不过这样的使命感要得以实现，也需要"天时地利人和"的安排。

所幸的是，曹姑娘有着"马上相逢无纸笔，凭君传语报平安"的心境。像普通的山村妇女一样，曹姑娘的生活中少不了遵循生命的常规——洗衣、做饭、种地、生娃娃。这样的平凡生活在思想上有着某种超前意识的曹姑娘看来反倒不容易感到悲伤。

转眼就到了初春。此时此刻，与叛逆的横断山脉相比，哀牢山脉神秘而多姿。一场大雨仿佛号角一样吹响了当地栽秧的行动。为此，曹姑娘上山采药的活计也不得不暂停下来，与家人一起在田里栽秧。栽秧的间隙与婆家人的对话，让她开始思念起远在异地打工的丈夫——

"他这段时间一点消息都没有。"

"打电话回来吗？"

"电话倒是打回来，但不知道过得怎么样？能不能赚到钱？"

"就你一个人在家，不容易呀。要栽田载地……"

此时的曹姑娘，年龄仿佛时刻提醒着她，是该好好享受为人妻的欢愉，跃跃似喜才对。可如今，曹姑娘要面对现实，仿佛田中、山间的脉脉烟雨，是她的愁吟，也许这就是深闺里也有攒眉千度吧。

最为人惜的是朝气，像海棠一样，开过了残红满地，不是"重门须闭"也不"萧条"。安静只一会儿，自怜只一会儿。不能不说天地的灵犀带给这个姑娘不凡的气质，也让她有了不愿闲度余生、坐等丈夫消息的念想。在秧苗发青的时候，大多数农民进入了农闲的季节，而曹姑娘又开始了采草药，她说，这是她的幸福，因为——"幸福就是心里面的一种感觉，对我来讲，能够坚守就是一件幸福的事情"——对瑶医，对爱情。

有人说：宇宙万物本无所可惜，之所以被珍惜，是人性反映出了山川草木禽兽，它们才开始渐渐地有了秀丽，有了气质，有了灵犀。草木如此，反映在人性上，更不用说。因为如果没有人的感觉，人的感情，即便有自然，也毫无自然之美。

《幽梦影》中有一段话："楼上看山，城头看雪，灯前看月，月下看美人，另有一番情景。"然后有人补充说："做官时看进士，分金时看文士"，"予（我）每于雨后看柳，觉尘襟俱涤。"这人生的精致都可顺手拈来，将身心投入其中，脱俗忘忧，自有桃源之乐。看来，桃花源就在这深深的宅院中，就在萋萋的天幕，就在正常的生活中，就在曹姑娘的普通日子中……

世上最自由的婚约

结合和离散都以感情为前提，
若不想继续只消一句"我以
后不再来了"就可终结。

云南西北部古老的摩梭人至今保留着"男不娶女不嫁"婚姻形态的"走婚"。走婚并非如外界传说的那样混乱和随意，而是遵循着摩梭人的文化和禁忌。结合和离散都以感情为前提，若不想继续只消一句"我以后不再来了"就可终结。

飞檐走壁的爱情

"任是无情也动人"这句词，源于《红楼梦》中"寿怡红群芳开夜宴"这一回，记得是行酒令时薛宝钗手持一支签画出一朵饱满的牡丹，绽开的花盘之下便点缀着"任是无情也动人"。这里的"无情"，并非如词条般解读的没有感情，而是代表着一种虚无的情感，迷离且神秘，而"动人"伴随着淡雅的"无情"，始终保持着一种清醒的状态，让人看着有种冷冷的沉醉。

在这个世界上就有这样一个地方，它不是神话。这个美丽的地方，至今仍传颂着如歌如诉的情怀，吸引着人们为它逗留，撩拨着无数红尘之心。

泸沽湖，是小时候在地理课本上读到的字眼。它给人的印象很直观——面积 58 平方千米，海拔 2690 米，平均水深 45 米，透明度高达 11 米，湖水清澈蔚蓝，是云南海拔最高的湖泊，也是中国最深的淡水湖之一。在这里，泸沽湖尽情地表达着身处高原的痛快与情怀。也许正是因为这份与众不同，才让生活在这里的人们摆脱一切拒绝一切，像中国古代的郎中一般，用情丝一根，为红尘中的人把脉。这根情丝，俗称"走婚"。

在这样一个守旧而有历史的地方，走婚所呈现出的"脉象"仿若这片清澈的湖水般，让人产生出无限遐想。它有点像中国画中的虚实关系，有种模糊的质感，却又真实地存在而且正在这片土地上发生。

"走婚"究竟是怎么个"走"法？

摩梭女孩十三岁就算成人，十五岁左右就可以走婚了。摩梭青年男女的求爱方式，和汉族等民族基本相同——在劳动、生活、走亲访友中认识，双方有了好感后会在篝火晚会上借手拉手跳舞的机会，轻挠对方手心。若对方有意便会回挠。当晚，男青年就可以去爬女孩家的花楼窗户，完成最初的走婚。

刚开始走婚是偷偷摸摸的，有了一定感情基础后，摩梭男女会相互交换一些礼物作为定情信物。随着感情加深，幽会次数增多，情侣关系就需要稳定。这时候就要举行"藏巴拉"，这是摩梭人敬灶神菩萨和拜祖宗的一种古老仪式。

"藏巴拉"仪式在女方家举行，时间一般都安排在半夜。没有朋友和酒席，只需男方家请一个证人把求婚者带到女方家，向祖宗行礼，向灶神行礼，再向女方的长辈及家人行礼就行了。在摩梭家庭，女方家不会向男方家要一分钱，他们认为男女相爱是平等的，感情比什么都重要。举行仪式之后，男女青年的关系就公开化了，虽说依然是暮来晨去，但不再需要偷偷摸摸地爬楼翻窗。

摩梭人走婚，始终是女方占主动，无论是否举行过"藏巴拉"仪式，如果男方是个花言巧语，只会说不会做的人，女方会毫不留情地将其扫地出门。无论是否分手，男女双方都可以与别人"走婚"，直到找到最适合自己的那一个。

其实摩梭人的走婚并不是世界范围内的独一个——扎坝极有可能是东女国璨宇的部落之一——这里的人现在也依然实行走婚。他们的走婚方式与摩梭人有着异曲同工之妙。到了晚上，女方在窗边点一盏灯，等待男方的出现。扎坝人住的都是碉楼，十多米高，小伙子必须用手指插在石头缝中爬上碉楼，这不仅要求体力好，还要身体灵活，实际上也是一个优胜劣汰的选择。待到第二天鸡叫时，小伙子就会离开，从此两人没有任何关系。

天亮相忘于泸沽湖

"我叫娜珠拉姆，从小就生活在泸沽湖边，是我们家第三代的长女。"这个声音与这个女子，都像是从画中走出来的。风景就穿在她身上——精致的天蓝与粉红相互映衬，滚边的粗细花纹交织在她湛蓝色的衣衫上，与白色的纱裙和粗织红腰带相映成趣，仿若飘逸的白云、圣洁的雪山、蜿蜒的天路、野性的天空。

娜珠拉姆在当地的族群中有一个特殊的身份——族长。她这样形容自己的族群："我们摩梭人是女人当家做主，女性传宗接代，我自然要继承这个传统。从大学回来以后，我就开始走婚，现在有一个四岁半的女儿。跟妈妈生活在一起，是一件非常幸福的事情，因为我们摩梭大家庭不止是一个人，自家的姐妹都生活在一起。我的阿夏也是这个村里的，我们彼此都在自己的妈妈家里生活，白天互不干涉，晚上过来住在一起。"

"一、二、三、四……"小女孩在湖边的长椅上边玩耍边学习识数说，"我能从一百零一写到两百。"玩耍的小女孩是娜珠拉姆的小女儿。女孩娇小可爱，齐刘海、马尾梳、一身粉色的运动衣。看起来，跟很多这个年纪的女孩子没什么太大的区别，但是，身在泸沽湖身边的藏族儿女，脸上所荡漾着的笑容却带有某种宁静。

娜珠拉姆在一旁笑看着："写完了吗？来给妈妈抱抱。快，妈妈想你了！"

因为摩梭人"母为尊，女为贵"的传统，所以摩梭人的家庭离不开母亲，女性在母系家庭中享有非常尊贵的位置；在这样一个母系家庭中，成员少则十几人，多则几十人，这些人几乎都是一个或几个外祖母的后裔。家庭中所有的子女归属皆为女方所有，血缘也是按照女方来计，财产也按女方继承，家中男子的地位，仅仅是负责抚育自己姐妹的孩子们。跟城里人相反，这里的摩梭人以生女孩为荣。

娜珠拉姆便是自己所生活的母系家庭中最能干、公平而且有威信的女人，她的职责是支配生产，保管财产，她是母系家庭的一家之长，负责一切内外事务。而家庭中的其他成年男性，他们大多以舅舅的身份和名义进行生活，并努力协助娜珠拉姆的工作。

由此看来，摩梭人在现代文化的基础上不放弃传统的生活方式，仿佛他们生活在一个全新的生存空间，并非我们总想把生命造作成为一个黑暗狭小的笼子，同时又把它当作整个宇宙来看待。不能不说，高原的环境赋予了藏人非凡的智慧。无论是独特的"走婚"还是集体的游牧生活，都可以看到他们情绪的驰骋，而不是故步自封的无趣联想。在"走婚"的传统方式中，仿佛女人的手中永远把持着爱的真谛。这里的爱情没有"自私"，只有永恒，就像娜珠拉姆引以为傲的"女性权力"一样，用一种约定俗成的传统传承着大家庭的温馨和稳定。

很多人会好奇："摩梭人走婚是否会生很多小孩增加抚养后代的负担？"其实，摩梭人有自己的"计划生育政策"，规定一个摩梭女人无论和多少男人走婚，最多只能生三个孩子。因此，摩梭人走婚后，如果双方感情不和，没有孩子前更换走婚对象是很正常的事，有了孩子，双方就会慎重了。

为什么摩梭人会愿意这样生活，并照顾亲属的孩子而不仅仅是自己的孩子呢？一九六四年，英国生物学家汉密尔顿提出了一个亲缘选择理论，指延续香火的不仅只是自己的小孩，亲属的小孩也算数。虽然不是亲生的，但血浓于水，养大亲属的小孩对传递相同的基因有好处。因此，对女性来说，与母系亲属生活在一块是有相当的好处，不仅有亲属帮忙照顾自己的孩子，还有额外的亲属的孩子可以增加自己传递基因的可能性。

奇妙的走婚制度让摩梭人只和自己的骨肉、血脉以及最相爱的人在一起过日子，他们共同组成家庭，互相体贴、谅解，相互关爱、慰藉，努力使生活变得美好。有社会学家认为，摩梭人的走婚，以自我为中心，以女人为中心，女人一生只为自己的骨肉付出。这样的婚姻形态，使男女关系变得轻松，家庭成员亲密友好，社会生活简单和睦，这是一种科学的、人性化的家庭组合方式。

　　"走婚桥"是泸沽湖上唯一一座桥，它是摩梭男女约会的地方。
桥下长有茂密的芦苇，远远望去，像一片草的海洋，故当地人称其为"草海"。

不忘初心，方得始终

黑色的大地是我用身体量过来的，
白色的云彩是我用手指数过来的，
陡峭的山崖我像爬梯子一样攀上，
平坦的草原我像读经书一样掀过。

尼玛，一个来自青藏高原的小伙子，眉宇之间透出黑黝黝的光，以至于你会不自觉地盯着他的印堂看个究竟。笑起来的时候，尼玛的脸上流露出少年难得的风雅气质，让人有种瞬间心动的感觉，仿若莲花盛开在湖心，不自觉地用灿烂花容映证出湖水静谧的高调。"画面太美却不敢看"这句话用在尼玛身上，有种天衣无缝的契合感。

风华正茂与衣衫褴褛毫不冲突，眼前的尼玛那短粗的头发已经无法辨认是灰、白还是黑，色彩在这里失去了语言；嘴唇因为无法补充足够的水分，继而在阳光的暴晒下变得粗糙苍白；裤腿——那已经斑驳的无法还原其本色的还可以称之为裤子的物件——就像流行时代的流苏一样，短短的、茸茸的，以它们感觉舒服的姿势靠在鞋面上；鞋子已经无法辨认其形状，圆头？尖头？好吧，被磨损的清晰痕迹与此时尼玛脸上的笑容形成了鲜明的反差，虽然大地色系已经是尼玛面庞上的主色调，但依旧不妨碍那笑容所呈现出的不容置疑的幸福感。

带着笑容和这身装束，尼玛马上要开始"五体投地式"的朝拜了：双手合十，高举过头，向前踏一步，然后用合十的双手碰额、碰口、碰胸，表示身、语、意与佛融为一体，遂双膝跪下，全身伏地，额头叩下。在指尖处作一标记，站起跨步至标记处，再作揖下拜。远处，它如生命的起伏一般，有高潮、有低落、有容易、有艰难；近处看，尘土飞扬、面容笃定、动作规范、眼神坚毅。他和它们都是主动的、自愿的，仿佛要通过这样的仪式看清时间流转的风景，走出生命起伏的路途，穿越世俗的声音，呈现灵魂坚韧静默而隐忍的声音。

尼玛和他的十八位同乡正履行着的这种仪式被称作"磕长头"，是藏传佛教信仰者最至诚的礼佛方式之一。这样的"磕长头"分为行进中磕长头、原地磕长头和围绕着寺庙磕长头三种。行进中磕长头最为艰辛。一般历经数月，信徒们风餐露宿，朝行夕止，匍匐于沙石冰雪之上，执着地向目的地进发。这种仪式散发出庄严且神秘的气氛，似乎与外界任何人、事、物都断了联系，它只是一个人的"舞蹈"，履行仪式的人的心灵只会与相同的悸动随行，当朴素的信念与既定的轨道结合在一起的时候，就是纯粹且圆满的一生。

高原上的人们对于自己所生存的环境有着发自骨头里、血液中的祖先情怀。一个叫穆伦·席连勃的蒙古女孩曾在她的诗作《七里香》中这样写道："溪水急着要流向海洋，浪潮却渴望重回土地。"这个女孩是席慕蓉。

在尼玛的记忆中——完成"磕长头"这种信仰仪式，不同于大殿中身着宽袖大袍、手持佛珠、敲着木鱼、唱诵经文的僧者，是需要经过严格的训练和标记。为了达成夙愿，他们宁愿与尘土相依，远离家乡；情愿丢下依恋，修炼虚无境界。

幸福圆满的人生需要无数次的"伏身而起"。

如今，在各地通往圣地的大道上，人们不时地见到尼玛这样的信徒们从遥远的故乡伊始，手佩护具，膝着护膝，尘土满面，沿着路径，不惧千难万苦，三步一磕，靠坚强的信念和矢志不渝的精神，一步步趋向圣城拉萨。

佛家有句箴言："不忘初心，方得始终"。所谓初心，大概是说人们最初的理想、目标和准则。在经过风雨的锤打和岁月的洗练后，是否能够"我心依旧"？这是每一个人都应该认真思考的命题。

所有的幸福都来之不易

· · · · · ·

　　对于世代生长于高原的人们来说，要想跻身于五彩纷呈的大千世界会更艰难。除了必不可少的机会和信息，还需要更多的克服和坚持。

· · · · · · ·

佛说："远离颠倒梦想，消尽七情六欲，不问生，不问死，不问劫难，不问定数。"在这种淡泊如水的思想境界中，个人悲喜便如渺小的、微不足道的尘埃一般。但凡人终究是凡人，生在喧嚣世界不可能消尽七情六欲，即使是身处高原——这个离天堂最近的地方。

青藏高原上的一颗明珠

在青藏高原这片肥沃的土地上，生活着巴桑达娃一家六口人，除了家中的两位老者之外，丈夫与她共同抚养着十三岁的大女儿和四岁的小儿子。对于达娃来说，孩子的幸福，是她毕生的追求，她希望孩子不要重复自己的生活轨迹，即使生活在这如画的草原中。

达娃的家主要以畜牧为生——二百多头羊、四十头牦牛是全家的生活来源。夏季是达娃最忙碌的时候，她要给家里的羊剪羊毛。年成好的时候，剪羊毛一年卖的钱就可以使生活无忧。生活在这里，大山之间就是田园与牧场，田野上的绿色中若隐若现着牛羊，其间有几间木头搭起的房屋。阳光透过云朵，呈现出层次不同的色彩，拼接而成犹如一幅色彩艳丽的油画。

"我准备把羊养到一千只，多赚些钱，把娃娃送到好一些的地方去念书。"

想要走出这座大山，对于世世代代居住在这里的人们来说，并不是一件容易决定的事情。在祖祖辈辈的口传身教中，达娃对于自己身处的环境有着很清晰的认识。从地理条件上来说，青藏高原实际上是由一系列高大山脉组成的高山"大本营"，地理学家称它为"山原"。"山原"上的山脉主要是东西走向和西北、东南走向，自北向南有祁连山、昆仑山、唐古拉山、冈底斯山和喜马拉雅山，而这些大山海拔都在五六千米以上。

除此之外，青藏高原在地形上的另一个重要特色就是众多的湖泊。著名的青海湖就位于青海省境内，为断层陷落湖，面积约有四千四百五十六平方公里，高出海平面三千一百七十五米，最大湖深达三十八米，可以说是中国最大的咸水湖。其次就是西藏自治区境内的纳木错，面积约二千平方公里，高出海平面四千六百五十米，被称为世界上最高的大湖。在湖泊周围、山间盆地和向阳缓坡地带分布着大片翠绿的草地，所以这里是仅次于内蒙古、新疆的重要牧区。海拔四千五百米的地方，就是达娃的祖先在几百年前行走到的地方，他们选择在这片大地上生息繁衍，代代相传。

人总是会活出一个方法

中国有句老话：一方水土，养一方人，祖辈世世代代生活在这个地方，达娃身上自然留下这个地方所赋予的烙印。清晨，窗外的天还是暗的，可有了一些亮光，刚下了些小雨，虽然湿苔苔的，却让这里的水草生长得更为肥沃，牛羊就在这样的细雨中低头默默地吃着草。外面宁静得只听得见雨滴下落的声音，牛羊齿唇间的咀嚼更像是相互低语。这里永远悠闲自在，远离了城市的喧嚣、烦乱和压力，这就是这片土地的魅力。可是，再纯净的天然氧吧也无法让达娃内心平静，甚至有时候，她不得不整夜覆没在这无边无垠的高原之地。壁画、寺庙、古老的遗迹、匍匐跪行的人群，并没有让达娃的心更接近蓝天和阳光，并没有让达娃的心灵与天空产生某种共鸣。达娃说，她此刻的心灵就像是一种出走，想要理解这样的出走，可借助在佛语中流传着的一则故事：

有一天，有一只海蛙造访了一只一生没有离开过水井的老蛙。

"你是从哪里来的？"井底老蛙问。

"来自大海"。海蛙回答。

"你的海有多大？"

"大得很。"

"你是说像我的井四分之一大？"

"大多了。"

"大多了？你是说像我的井二分之一大？"

"不！大多了。"

"像……我的井这么大？"

"不能相比。"

"绝不可能！我要自己去看看。"

它们一起出发，当井底蛙看到大海时，惊吓得瘫在地上站不起来。

达娃的身边或许存在"海蛙"这样的角色，所以她不想像这只井底之蛙一样，狭隘地以为目前的生活几乎就是全世界了。可能她自己已经不太有机会能去看到那片大海了，所以才把希望寄托在孩子身上。何况如今高原的人们越来越重视读书对人一生的影响，在他们看来这或许是唯一能走出高原的办法。人们对于草原以外的世界也有着与众不同的向往，除了对知识的未知，还有对于生命根源最本质的探究。

忘了是在哪本古书中读到过：古人之于孩子，每每因为缺乏安全感而会在当地衍生出许多瞒神欺鬼的妙招，比如：取个粗鄙难听的名字，如"乞食""拾粪"之类，仿佛是鬼神不懂得"名实之间其实未必相符"的道理，所以名字贫贱就是出身贫寒的意思，有这样名字的小孩也就不值得去费力气伤害了。

其次，在男孩子的耳朵上穿个洞，带上耳环。这种做法与现代某些男孩子的"时髦"做法存在着本质的区别。古时候，男孩子仿佛更容易被鬼神盯上，而这么做能让鬼神误以为男孩子是个女娃娃，而古代的女娃不值钱，所以鬼神也就不会盯上了。

最后，也是时至今日，仍会映射到现代社会的一种看似"高级"的行为——法事。古代，人们习惯到庙里去做一场法事，经过这个仪式，把小孩子变成"小和尚"或是"小道士"。有的人还会为孩子特别定做一套"法服"。法事之后，孩子就假装从人间消失了——自此就为方外之神了。

自古以来每一位父母都是用一种"独据"的心情来教养孩子，所以这样的"习俗"尽管古怪，但其中不乏令人动容的深情。在生命的征途上尽可能地寻找安全感几乎是所有人一生的功课。古时候，因为内心的"恐惧"，所以害怕鬼神，于是就发明了很多避鬼驱邪的招数；如今，因为"文明"的成长，所以学会了为下一代领取"希望"的入场券。

幸福和更好的生活，是我们对人生最不假思索的追求。可是没有人能够肯定地说，这条路一定是对的，这种追求一定能够实现。最重要的要怀抱着最真挚的信念去做，不轻易被每一次遇到的不易所打败。

对于世代生长于高原的人们来说，要想跻身于五彩纷呈的大千世界会更艰难。除了必不可少的机会和信息，还需要更多的克服和坚持。

命是这片土地给的

我们在这片土地上生活，

命就是这片土地给的，

所有的成长经验也都来源于此。

夏河县地处青藏高原东北边缘，地势从西北向东南倾斜，海拔在3000米到3800米之间。这里生活着藏、汉、回等18个民族的8万多人，下辖3个镇10个乡，共有65个行政村、4个城镇社区，426个村民小组。

在这样一个寒冷湿润的气候区，平均气温只有2.6℃，长久生活在这里的人们却世世代代享受着大自然赋予的礼物。夏河县境内有金、银、铜、铁、铅、锌、锡、锰、钴、铋、锑、钒、砷、硫、大理石、石灰石、泥炭等，有矿地带35处之多。草地总面积为753.87万亩，牧草种类72科290属628种，可食牧草574种，占牧草种类的91.4%，其中优良牧草43种。

数字在这座土地上能够让夏河顿时有一种恢宏的城堡般庄严肃穆之感，但对于这里抬头看天低头看地的高原人来说，他们最看重的并不是这些外人看来值得开采和挖掘的"财宝"，而是一座山，一座能令人心驰神往而心生依赖的山。它就是在横断山脉的云岭群峰中巍峨挺立，远眺终年白雪皑皑的主峰——白马雪山。同其他被赋予了某种意义的地名一样，"白马"在藏语中是"莲花"的意思，而"莲花"则是藏传佛教八种祥瑞物之一。

曾有人说，众生如同池塘中的莲花：有的在超脱中盛开，其他则被水深深淹没沉沦于黑暗淤泥之中；有些已经接近于开放，它们需要更多的光明。莲花代表着一种诞生，清除尘垢，在黑暗中趋向光，一个超脱幻想新世界的诞生。白马雪山在夏河人的心中，就是这样一朵"莲"。

白马雪山自然保护区建立于1983年，1986年批准为国家级自然保护区，坐拥十九万公顷土地，是横断山脉高山峡谷典型的山地垂直带自然景观。它也是金沙江和澜沧江的分水岭。雪山坐落于滇藏线的途经地，也是滇藏路上第一座需要翻越的高峰。来到这里的旅人，都领略过白马雪山的险峻，尤其是冬春大雪发生时，车马难行。不过，天生乐观的藏民们喜欢通过歌声来表达他们对于山、对于草、对于天空的敬仰之情，他们一边行走在苍茫的大地上，手中牵着马匹，一边用高亢嘹亮的嗓音唱着心中的情怀，仿若不见脚下的路有多难走。

当然，白马雪山并不能成为当地人赖以生存的生活环境以及生活来源，但当地人却从这样有限的环境中，从另一个角度发现这座皑皑雪山的魅力之处——杜鹃花丛。

白居易曾如此赞美杜鹃花："闲折二枝持在手，细看不似人间有，花中此物是西施，鞭蓉芍药皆嫫母。"在世界杜鹃花的自然分布中，中国以杜鹃种类之多、数量之巨著称，但是要是说到哪里是杜鹃花资源的宝库，非白马雪山的杜鹃不可。据统计数字，白马雪山有各种杜鹃将近90种，最高的杜鹃可以长到8米高，矮的则不到30厘米，高低错落而出，形态各异而立、颜色百态而绽。杜鹃花就是这样为行走于此的人们留下了一道美丽的风景线，也让这座看似冷峻的雪山多了一些温暖的气息。

真正让当地人忽略了白马雪山的险峻，让他们从不曾为杜鹃花流连忘返，而选择坚定不移地向更高的山峰行进的动力是他们要去寻找的一种神奇的"宝藏"。找寻这神奇的"宝藏"，那可不是一件简单而优雅的事。人们全副武装，帽子、手套，以及如针孔般透视草地的眼睛缺一不可，因为这些宝藏隐藏在土地里、草甸中，它们稀少而珍贵。通常，它们只会在土地表面，露出茶蕊般细小的真菌头，其余身体全部都隐藏在土地中，仿佛就是要跟寻找他们的人玩儿捉迷藏一般。这样神秘、充满灵性而艰难找寻的宝藏，它的名字很多人都熟知——冬虫夏草。

冬虫夏草曾被誉为吸收了天地精华的雪山精灵。作为药材，冬虫夏草很早就输出国外——大概是明代中叶 1723 年，法国人巴拉南来华采购药材，冬虫夏草就在其中被带往巴黎，后来又被英国人带往伦敦，漂洋过海，经过无数国度的"考评"，备受赞誉。

想要一睹冬虫夏草的真容绝对需要耐心，甚至是真诚。

奔子栏村的贡布今年已经二十出头了，说到采集虫草贡布有些意味深长，他说，从小就开始与虫草的博弈，对于这种珍贵药材的采集，在长辈那里有很多很多值得他学习的经验和经历。

"我父亲挖虫草的时候我就跟着他学。第一次挖的时候挖不到，找不到虫草，没有经验。到了第二年就慢慢学出来了，但是一个星期最多只能挖出一两棵。

"挖虫草是要靠运气的，运气好的时候，一周可以挖到五六棵。虫草就 4 ~ 6 月这个时候有，找着一棵，就一定还有另外一半，不会单独一个存活下来，它们都是一公一母的生存。"虽然辛苦，但是贡布的脸上却微笑始终，在他的心中，这样的事是一种"追求"，因为这可以实现贡布的一个梦想，那就是用采虫草的积蓄建造一幢新房，而现在这个资金在不断地积累当中……

和贡布一起挖虫草的藏民张志强对于虫草有着时间更为长久的了解："藏族老百姓过去采虫草，不是普遍性的，而是极个别的。那个时候如果爬到海拔四千多米，就会感到比较孤独，孤独了就要唱歌。所以采虫草的时候，就会听到嘹亮的藏族民歌。"

他们采虫草并不仅限于把这作为生活来源，而是不肯在单调的生活中消磨着当下，所以竭力在生活有所限制的环境中寻觅着价值。藏民们所接受的教育，所汲取的知识，许多确非是我们所能想象得到的。

牧区的一位老牧人说："我们在这片土地上生活，命就是这片土地给的。所有的成长经验也都来源于此。我们崇拜各种'神'，这是从小就耳濡目染的能力和学问。山神之所以能让我们崇拜，是因为它能呼风唤雨，下雪和冰雹，能保佑我们平安健康，牲畜兴旺，它也能降灾降难，危害我们。所以山神像天、地一样亦好亦坏。我们敬重它、恳求它、拜服于它。山神比任何一种神灵都更容易被触怒。凡是经过高山雪岭，悬崖绝壁，原始森林等地方，都必须处处小心，最好不要高声喧哗，大吵大闹，否则触怒了山神，立刻就会招来狂风怒卷，雷电交加，大雨倾盆，泛滥成灾；若是冬天，就会风雪弥漫，铺天盖地，因此，山神被我们尊为最灵验的神之一。如果逆行走在山间，山神有时候会以骑马的猎人形象巡游在高山峡谷之中，人们很容易面对面地碰到他们，一旦触犯，轻者患病，重者就没命了。"

在藏族先民的心目中，他们生命的安全和天然的食材都是这些"神"所赋予的，好像有种本着让自己安全的心境似的，走在路上你可以聆听到独一无二的悠扬嘹亮的民歌响彻高原上空，这是回报山神的照顾；而接下来，还会看到一缕青烟盘旋而上，这时候，不要认为青烟只是单纯如烟，它用此形表达着所能表达的一切话语，一种祭祀的代表，伴随着藏民采挖虫草的过程而行进着——煨桑焚香——藏族人虔诚祈祷最为普遍的方式之一。

"煨桑"的历史源于藏族的原始时代，当时的人们用松柏枝、艾蒿、石南等香草的叶子燃起蔼蔼烟雾。有传说：在远古时期，当部落中的男子出征或者狩猎回来时，部落中的族长、老年人、妇女儿童便会在部落外的空地上，点燃一堆艾蒿、小叶杜鹃这种有香气的枝叶，让出征者从上面跨过，并不断往他们身上洒水。这样做最初是想通过熏香草的方式，除掉出征者身上的血腥之气，用水洗去他们出征后身上的污秽，到了后来却逐渐演变成一种宗教仪式——人们不再从"桑堆"上跨过，水也不再洒在出征者的身上，而是洒在"桑堆"上。

据说，在煨桑的过程中，燃烧松柏枝所产生的香气，不仅让凡人有清香、舒适之感，同样对山神的殿堂也起着芳香的作用，因此山神闻到也会高兴、快乐。所以藏族信徒们以这种香味敬天、地诸神，希望诸神会因愉悦而降福给敬奉他的世俗百姓。

从雪山到虫草再到"煨桑"，藏区的人们用他们独有的方式丰富着、祈求着生活。这是一条通往幸福的大路，虽然过程辛苦且艰难。对于每个人幸福从来都有不同的解读。无论哪一种，都要近情、近理，要求我们热忱，要求我们天真，要求我们对万物有信仰，对神，对人，对自然，对生活，对自己。

群峰连绵，白雪皑皑，远眺终年积雪的主峰，犹如一匹奔驰的白马，故得名"白马雪山"。

杜鹃是一种喜欢群居的植物。它们结伴生长，集体开放，在春夏之交形成一片片醉人的"花海"奇观。

故事让一个地方充满魔力

春有百花秋有月，
夏有凉风冬有雪，
若无闲事挂心头，
便是人间好时节。

在哀牢山地区，一直流传着这样一个古老而神秘的故事：世袭土司李润之在一九五〇年身亡之前，已经积敛了万贯家财，这些家产是靠贩卖大烟、设卡收费、造大洋、开工厂所得。至于他家具体有多少金银财宝，谁也无从得知。关于这些宝藏如今藏在何处，在哀牢山流传着三种说法：

他的随从说，土司死之前已经将大批宝藏藏进了地道，而地道的机关在哪里，现在仍是个谜；

另一个保镖说，他死前的一个夜晚，曾有人亲眼所见他用 20 多匹骡马将宝藏驮到了一个叫南达的地方，后来没了下文；

最后的一种说法是，金银财宝就在土司府地下藏着，理由是在他家的大院子里还存有一些奇异的图案，而这很可能就是开启宝藏的指示图。

传说往往会弥补人们对于未知的恐惧，尤其当这样的恐惧来自如此神秘却又很难被现实印证的境况。从当地人对这类传说热衷的程度来看，外面的世界给深处大山之中的人们带来很多的诱惑，其中也夹杂着些许不安。近年来，随着山地生活的逐渐淡化，如同传统文化一样，高原文化也面临

070 美好 永远 得来不易

着退化甚至是消失的危险。这样的痛苦是变化的，也是微小的。确实对于生活在这里世世代代的人们而言，很多时候无从感知，仿佛这样被时间推着走就是生活。但是，潜意识中却已经知道自己应该寻找些什么了。就像佛陀在普度众生的时候，最常提到的便是，什么是快乐，即使你的身体和精神并没有感受到正在被痛苦慢慢吞噬，潜意识当中已经开始寻找快乐之源了。

年年岁岁　岁岁年年

对于这里的人来说，有改变的机会吗？走进一个村民的家中，看到的是翻天覆地的变化。生活在这里的很多家庭，都是年轻夫妻双双到城里打工，留下年迈的父母和年幼的孩子在深山之中独自生活。这样的家庭，在这里是常态化的存在。独自生活的老人，一天的生活只是一股力，一片沉默，日子过得简单得无法再简单。唯有孙儿伴膝下，才有些许的欢愉之感。

"儿子出去打工，我领着孙子在家，那时孙子才一岁，现在长大了，八岁多了，得力了。我砍柴他会帮我捡柴了。"抱着一捆柴火的老人，边走边低着头喃喃自语般地讲述着生活的样子，"盖房子用了十二万多，钱用完了，就没有了，没办法了，去跟兄弟借了两千多块钱，（孩子们）做路费出去了。"

一个念头总会变成一个行为，并带来随后的各种连锁反应。辛勤的劳动，让这样的家庭住上了砖瓦房。日子在外人看来好像悠悠然，绝不会与生活拮据画上等号。但与子女的离别之苦，让老人有一种在无奈中生存着并倍感无力的凄凉之感。满脸皱纹，皮肤有些黝黑的阿嬷拿起手中的电话，打给在远方的儿女，遥寄思念。

"你在那边还好吗？"关怀的语气还没有收尾，阿公已经等不及地拿过电话："你们在哪里，无论去哪里都要注意安全。来，跟你儿子讲几句。"

在院子内，一个孩子正蹲在地上玩手中的玩具，如果你不注意，很容易就忽略掉他。但孩子听到阿公的话并没有马上起身，或者态度热情而兴奋。相反，他的眼睛始终没有离开手中的玩具，用手在地上把玩具甩来甩去，有种百无聊赖的颓废之感，怎么也不肯起来听电话。看到此景，阿公阿嬷都有种不理解的神情，语气中难免责备：

"怎么不想你爸爸妈妈？来呀，你爸爸要听你说话。"

"不。"

孩子的心灵是脆弱的也是透明的，他们参透不了这其中的离别与艰辛，往往不可避免地受到孤独的侵蚀。这样的孤独之感不可与老人们分享，也不能与伙伴们同享，只能默默地承受，承受住孩子理应不该承担的那份艰辛和痛苦。也正因此，当地的学校成为孩子们快乐的聚集地。在云南金平县平安寨小学中，总会传来这样的读书声——"要是碰上阴雨天，大树也会来帮忙，枝叶朝着太阳长……"声音往往会传送出很远，走在街上也能听到。孩子们稚嫩的声音就像一道阳光，激活了这片略显沉寂的村落。

孩子们在这片高原的生活安然、恬淡与世无争，过得富足而快乐，与曾经世代生息在这里的老者们相比要幸福的无边界。也许是因为对于子孙的未来也有了长远的考虑，长期游牧的老人们从以前对于读书并不重视，逐步转变了观念，知识的气息已经开始渗透到藏族家族中的每一个角落。

尼玛的奶奶今年 73 岁，如今已经儿孙满堂，同大城市中的长辈一样，除了安享天伦之乐和传统的烧香祭拜之外，她最开心的就是接送孩子们上学。几位同村的老人常聚在一起，开心地谈论着孩子。她们一边做着传统的纺线，把羊毛变成织布用的线，一边翘首企盼。当校车开进村口的时候，老人们全都起身迎接这些未来的希望。牵着这些小手，隔代人的幸福双双洋溢在脸上。

除了在精神上发生变化，此时生活在这里的人们已经逐步改变自己曾经的游牧民族传统的生活方式，甚至是生活在海拔四千米青藏高原的人们，他们同样开始思考如何营造固定的生活家园让自己的生活更有保障。首先让人看到的，也是最明显的一处改变，就是原来的蒙古包变成了用砖累积成的碉房。

碉房如今已经成为当地百姓最有代表性的住所。碉房石木结构居多，外形看起来端庄而且稳固，整体风格非常的粗犷，很符合当地周边环境的色彩；据说，所有的碉房都要依山而建，因为山坡可以作为一个垂直点，这样碉房盖好后楼角非常整齐。碉房一般分为两层，上层是人们的起居场所，底层则作为畜养牲畜和储藏的场所。

看到碉房的第一眼便被它们外在的装饰所吸引，当地的民居比较重视大门的装饰，房顶上一般都插上蓝、红、白、绿、黄五种经幡，而不同的颜色代表不同的涵义。蓝色代表天空，白色代表云朵，红色代表火焰，黄色代表土地，绿色代表水。每年新年都会更换一新，以此来祈求来年祥和。

如今正值秋后的香格里拉，是个少雨地带，在土地上忙碌了大半年的尼玛一家，放下了农具，开始建造自己的新碉房。在香格里拉，盖房是一个凝结众多人智慧和力量的事情，因为这项工程太浩大，不可能凭借一己之力就得以完成。

"这是我家阿姨的房子，我来这里帮忙。"

"盖这么大的房子，挺好。"

"这个是用来住的，我们藏族一般都是这样的。"

"老乡都来帮忙吗？"

"对，都是一个村的，互相帮助。"

"需要给钱吗？"

"不需要，只是需要一家一家地去请。"

酷日之下，村民们用最简朴的方式，凭借着集体的力量在平地上伫立起一栋二层木质的房子，雕廊印花，很是精致。尼玛请来的格桑顿珠是这一带最有名的工匠，从十多岁起就开始了工匠生活，究竟建造了多少幢房子，连他自己都数不过来了。

不过，这个世上没有一件事情可以在一刹那间得到它全部的传承，就像双手已满是老茧的格桑顿珠也不能随随便便就决定未来建房的计划。因为，这个地球上每天都发生着不可逆转的改变，而木材的缺失使得建房的计划不得不重新开会讨论："没有木材就没办法做柱子，唯一的办法，就是改变老祖宗的传统，盖完这房子，我就不干了……"这应了西洋人的一句谚语："即使是上帝，也不能在三个月里造出一株百年橡树。"

简陋房间内昏暗的灯光下，掩饰不住格桑顿珠满脸的忧伤与无奈。随着木材的日益减少和建筑材料的多样化选择，这种传统的建筑正在消失。生态的改变，是否必然要以推陈出新的方式为这片高原留下挽歌。

曾经一位高僧独行于一条最艰辛的山路上，攀登了一座人无法企及的高山，当站在山顶的时候，他询问年轻人一路上来时的心境：是一步一步往上爬，不是一步登天。但是，当回头找寻自己的脚印的时候，却是：动容扬古道，处处无踪迹。

看来，路还是要一步一步走，只可向前看，无须回首。

时间的年轮常常让人来不及思考就匆匆而过，恍惚犹如过眼云烟，容不得半点余地可以商量。它带给人的是改变，无论是主动还是被动，心境、环境都随着时间点点滴滴地变化着。于是，人们只能不断地探索、不断地思索、寻觅、扬弃、认识，不断生活。如同《大学》中曾提出："知止而后定，定而后能静，静而后能安，安而后能虑，虑而后能得。"只有知道要能达到至善的境界，意志才有定向；意志有了定向，才能心不妄动；心不妄动，才能所处而安；能够所处而安，才能够处事精详；能够处事精详，然后才能达到至善的境界。如此一环扣一环，形成了一个至善的轮回之路。就像年年岁岁、岁岁年年中我们定、静、安、虑、得，让自己的心圆满，最终回归到寻找幸福这个简单而又富有哲理的道路上，虽然背着时间这个包袱，但脚步却永不停止地继续前行。

若无闲事挂心头　便是人间好时节

每一代人获得生命经验的方式都不同。

也许面朝黄土背朝天的老人们习惯在自己的土地上耕作一辈子，任劳任怨，就是他们一生的真实写照，但是到了下一代，70 年代前后的人们，他们认为外面的世界最精彩，选择独闯天涯。无可厚非，每个人都能选择自己的生活方式，都可以获得属于自己的人生经验。孩子们可以不离开高原的土地，但这不仅需要很大的定力，更会因为周遭生存环境的改变而必须做出选择。

有人说，人生在世，为名为利，疲于奔命。此话不假，欲望就像是完不成的追求，让人内心膨胀。如同耳熟能详的诗句："与君离别意，同是宦游人。"说得再清楚不过了，抛妻别子，离乡背井，为的就是一个"宦"字，无奈，这是大时代背景所致，很多人如此做了，很多人还不知为何而做。

佛教中曾说道："自受因子受果"。意思是：拒绝一定会有后果。当然，你可以选择拒绝，但你的生命能量，宽度与深度会因此受到影响。宋代的青原惟信讲到自己的修行的时候曾说："老僧三十年前未参禅时，见山是山，见水是水；乃至后来，亲见知识有个入处，见山不是山，见水不是水；

而今得个休歇处，见山只是山，见水只是水。"对于追求幸福的人而言，天性可以保存，但是天性是因无心而契入当下的，保持一种对于生命绝对的活泼性，这是一种具足"无一物中无尽藏"的能量。

能量既存在于人的脉象之中，也存在于自然的万物之灵里。当喜马拉雅山的造山运动导致了青藏高原的神奇景观时，哀牢山的附近就聚集了许多天然瀑布群。山里的孩子们从小就在这样的大自然中生存、嬉戏，感受着自然带给他们的乐趣。

盛夏是雨水最充沛的季节，雨水使山上的万物生长茂盛，也是当地的男人们最有成就感的季节。长期在外面打工的李师傅，是村子里公认的见过大世面的人。虽然被称为见过大世面，但是前几天回到家里，第一件事便是拿着镰刀与乡亲朋友约好一起到山里寻找野味，改善生活。

不多一会儿，他们发现一个长在树上的马蜂窝。

"啊，这些马蜂可能有四十窝，用藤子从上面拉下来，你在下面接应，到了地面后再捅它。"

"但是今天日子不好。"

"可我们好不容易找到了，还是得想办法捅，不然会被别人捅了。"

"今天属狗，会出事，找一个属鸡的日子才能捅。"

经过商议他们最后还是决定一试，几人找了两只胳膊般粗细的树枝，十字捆绑，决定爬上几十米高的山的一侧。

"从下面上可能不行，太陡了。"

"现在看来要用九根藤子结成三丈长，实在是太高了。"

"今天还是回去吧，下次选个属鸡的日子再来吧。"

看到这里，你一定会感觉这不是成年人的行为，反而像个孩子一样，仿佛是童年时光的再次光临。不可否认的是，每一个人都渴望生活如孩童时期般轻松愉快、潇洒自在。即使曾经远走他乡，只要一回到故乡，便会活得比谁都像"自家人"，满心都是儿时的无拘无束，欢愉满腹。

让自己开心，在现在是最重要的事。李师傅是个聪明人，他懂得取舍、懂得让自己快乐，甚至还明了生活中越是简单、越是单纯的事，越接近真实。一回家就拿起镰刀来到山间，可见李师傅在城里谋生的生活状态让他很是压抑。对于一个没有很高文化的从大山走出去的打工者来说，谋生是一件不容易的事，虽然看起来收入会比待在山间要来得多与快。

寻找幸福，对于每个人来说都是不容易的事。它有时候看起来很美，伸出手的时候却发现抓不到；有时候幸运与幸福面对面，很快它就会消失在你眼前；而有些人一直在找，一直在找。

看来，李师傅找到了，他用自己的方式照应着自己的内心。生命应该尊重自己的内心，亦是一种关于内在的表达。

春有百花秋有月，夏有凉风冬有雪，若无闲事挂心头，便是人间好时节。

有人浅尝即可
有人投入一生

　　如今有人投入一生的精力
为西藏带来了四条进藏公路：青
藏、新藏、川藏和滇藏。滇藏路
在这四条线路中，彰显着非凡的
险峻特质。

人们一定会记得——汤东杰布——这样一位可以与河流沟通的建筑师，同时他也把希望布施给众生。汤东杰布是 600 年前西藏一位传奇人物，在他一百二十五年的圆满生涯中，通过建筑、冶金、藏戏的种种，不断拉近着藏族人民与众多山川河流的亲密关系。他为解除众生渡河之灾而萌生了架桥的愿望，并将这个愿望付诸行动。

据说在公元十五世纪初，汤东杰布在游说谒佛的途中，耳闻目睹了乌斯藏地域的辽阔与广大，但是交通极不发达。这样的生活环境亦给当地人民的生产、生活造成极大的不便，历史上人马财物坠江损失不计其数。虽然当时乌斯藏地区的风景秀美，但时而江面呈现出收窄之况，水流湍急，时而陡峭悬崖，危险陡增，让人不免心生畏惧。这时的汤东杰布偶然间从一个十八岁的空行母模样的姑娘送来拴狗的小铁链中获得启示，鉴于此，汤东杰布决定不畏辛劳，跋山涉水，向当地百姓讲明搭桥的意图。而当地人民也响应着汤东杰布的号召，采集了大量的铁矿石，并请来铁匠加以冶炼，创建着搭桥需要的原材料。当地的政府官员得知此事后，也派出了建桥工匠加以协助。在所有人齐心合力的努力下，最终在 1430 年首次建成曲水铁索桥。

在修建曲水铁索桥时，因为资金不足，汤东杰布还组织了当时的山南七姐妹编演温巴舞蹈，边唱边跳起"喇嘛嘛呢""嘛呢强央"……通过这样的演出，募捐了大量钱物，完成了后来58座铁索桥。

谈完了现实，开始讲传说。汤东杰布虽然是十四五世纪的为百姓造福的历史人物，但民间有很多关于他是戏神的传说。比如说他在母亲腹中怀孕达六十年之久，生出来就是白胡子、白眉毛、白头发的老头婴孩。说他有一天在一个高旷的荒原上修禅入定后，从天空降下红、黄、蓝、白、绿五色神女，并围绕着他轻歌曼舞，一个神女一句唱词，合起来的意思为：广袤无边的高旷大坝，瑜伽行者得悟其空性，像无畏国王跌坐坝上，而汤东杰布也从此得名。

风情、幻想、残酷、美丽与灾难，这所有的形容词，都可以在滇藏线上找到它所通向的远方，即使它是神话。在中国历史上不乏意义重大且历史悠久的各种"桥"，可是，没有任何一座桥可以与如今看到的这些铁索桥相比较。观看这些铁索桥的所在地，仿若你就在极乐世界和地狱的分界线上驻足，恰恰这些铁索桥分布在各个崎岖狭窄、山涧林密的山路上。

曾经被称为"跳蚤都能把人蹦到悬崖之下"的路线——由滇入藏的路线，林林总总地分布着大小铁索桥。在这里，景色的秀美，绝对比不上地势的险恶，只凭肉眼就可判定，这条路行人勉强可以走，但马帮是根本不可能通过的。正因为这片土地充满着如人一般的性情，所以它猜想着、等候着，希望有一个人能来改变现状，用现实的残酷告诫世人，这残酷的气息传达出来又消敛了去。仿佛为民造福在这里，有了更为深刻的体现。

如今有人投入一生的精力为西藏带来了青藏、新藏、川藏和滇藏这四条进藏公路。滇藏路在这四条线路中，彰显着非凡的险峻特质。这条开工于 1950 年 8 月的路，于 1973 年 10 月竣工通车，经过 23 年的打磨，建成了大型桥梁四座，隧道三处，中小桥梁 112 座，涵洞 1764 道。风景依旧，大理的苍山洱海；丽江的纳西古城；中甸的香格里拉；还有奇特壮观的横断山脉。终于还是从传统到现代有了一个完美的过渡，现在它的名字叫做"茶马古道"。

这些路段中不仅有雪山峡岩、隧道大桥，而且空气稀薄，气候严寒，随时可以把行走在这条路上的人们置身于绝地之中。行走在滇藏线的 1930 公里，绝不仅仅意味着完成在路上的使命，实际上，它更是一条民族风情线，可以带领人们去感受与认知藏传佛教的古老、神秘与多样。

生灵在这样的高原气候下，自然风光中代表着"生的希望"，马帮穿行在这条以险峻闻名的滇藏线，让它的存在有了一丝浪漫的古韵，但是这里有"一夫当关，万夫莫开"的险要地势，"一山分四季，隔里不同天"的特殊气候，也曾经经历了土司、商霸、兵匪相互争夺的历史时期。对于生活在青藏高原上的人们而言，即使是在险要的地势，他们总会找到可以逐水草而居的理由，这样既可以保证获得淡水和得以生存的食物，也不至于在高山密林中迷失方向。而文明的发展，在其细微的时间，在这个地方摆脱了单纯的实用主义，走向装饰、美学，融简练与繁复为一体，这就是藏文化的展现。

如果说，现在的人们再也不用为古人担忧，那么藏地文化就是通过某一个瞬间与永恒的持续结合让生存的意义变得实在。在这里，很多人用类似等价交换的方式在进行着贸易的最初形式。遥望若尔盖草原，羊帮背负很多行囊匆匆赶路，在它们沉重的行囊中，装有红糖，准备运到远方的边境帐篷中，而红糖要换取的是藏民的羊毛。这样的"国际贸易"在新中国成立前就已经非常普遍，当时，每天都有800多匹骡马、1000多商人翻越哀牢山古道、原始森林和渡红河。悠悠长队非常壮观，它仅仅是一种无声无迹的流动，并不是一种栖身的具体形式。远古的"国际贸易"或者含有各种可以琢磨的既定形式，无论它有无意义，除非亲身经历之外，别人是无能为力的。

时至今日，无数大马帮在这条古道上默默行走着、行走过，经历着或正在经历着人间的悲欢离合。同样，当沿着这条古道行走，人们会发现大自然的独特赋予——前人的梦想，历史的见证和智慧的足迹，以及人们割舍不断的情怀。而随着时间的流逝，身为迁徙之旅的主人公之藏羊，也许是受到当地宗教文化的熏陶，也许是走过万里之路的身躯，使得它们具有了某种哲人般的忧伤或惘然，仿佛落魄的先知透过它们的眼睛看到了这片灵性之地，仿若看到了瞬间与永恒之后而有所感怀。

滇藏公路，1973 年 10 月 6 日建成并正式通车，全长 714 公里，起点为云南景洪，经过了西藏芒康、左贡、昌都、类乌齐至青藏界多普玛，与川藏公路南线连接。

一切河流交汇之处，
都是神圣的

在高原上的每一条河流，
都是当地人的至爱，从藏语中的
意思就可以听得出来——"从山
岩中流出的水"——这样的形容
绝对浪漫得可以。

在高原地带，河流从来不会因为海拔的高度而止步不前，虽然它们从来都是顺流而下。此景归于昌都地带，在藏语里表示两水交汇的地方，这里所谓的"两水"一支是扎曲，另一支则是昂曲。从杂多流过来的扎曲和昂曲使得中国西南地区的大河之一澜沧江纵贯昌都地区的中部，两河在这里融为一体，仿若流年岁月在此时此景中交汇一般，令人欣喜若狂。说起澜沧江，其本源位于唐古拉山区的雪山湿地，丰富的雪山和湿地涵养区地下水为澜沧江的形成提供了条件。它作为东南亚第一长河被古时的傣族称为"南兰章"，意思是"百万大象繁衍的河流"。

在高原上的每一条河流，都是当地人的至爱，从藏语中的意思就可以听得出来——"从山岩中流出的水"——这样的形容绝对浪漫得可以。海省杂多县境唐古拉山北麓查加日玛的西侧，扎曲的源头水源主要来自唐古拉山雪水和草原湿地地下水，所以"从山岩中流出的水"是可以让你感受到行走于此的真切之感。听到当地的藏民这样形容这里："这里有美丽的牧场，夏季有很多花草，还有很多野生动物"，"扎纳河、扎曲河是神仙河，有许多马鹿、花朵。"在这里，仿若站在峡谷的中央，既可感受到横断山的壮美，又能领略澜沧江水的轻声慢语，既可感叹建筑在峡谷峭壁上的民居，又可享受春意盎然之中的朴实人文景色。

听到和看到的效果，很多时候与心境有关。但生机、消沉、浓郁、宁静一定可以在不同的风景之下释放出不同的美境。澜沧江的美则是可以洗涤心灵的。在当地人眼中，1800米流域的澜沧江被看作是"神河"来供养的。因为它的所在地形成了温和的气候，使得这片广袤的地区成为整个青藏高原最重要的农牧业区。丰富的地貌，可以很直观地感受到大地所散发出来的幸福感。从横断山脉南部的余脉，从山势沉入大地逐渐平缓的形态，从已经成形的滇西南植物多样的物种，从丰富的热带亚热带地区的雨林，从每年迁徙到这里的人们，都可以看到幸福感在这片土地上给予所有生灵的最重要的给养。

每当大地万物生发时，这里就开始了真正的春天。蝉叫鸟鸣时，万物纵情绽放生命活力。在这里，永远是探寻者心里最温暖和灿烂的所在。祖先们迁徙的足迹，沿着这些古老的道路，传递文化和经典。而山脉和河流犹如伟大的神，一直引领着人们的脚步。人类的不断迁徙、繁衍生息，使大地充满了诗意。此时，时间的帷帐被掀了起来，生与死，惊恐和喜悦，纷纷向着未来走去。

其实，对于这片充满着灵性的苍茫大地，神话的解读更适合。正所谓"千镜如千湖，千湖各有其鉴照"。在这里，除了地理上的记载，藏民族的祖先对其也有着神秘的记录，而最著名的当推"沧海变桑田的传说"。

在很早以前，本是一片无边无际的大海，海面时而波涛汹涌，时而暗流激荡，搏击着长满松柏、铁杉和松桐的海岸。在这片广袤的森林中，重山叠翠、云雾缭绕。森林中也长满了各种奇花异草，成群的麋鹿和羚羊在奔跑；鸟儿也在这片森林中占据着歌唱家的角色，它们在树梢上欢快地跳来跳去，唱着动听的歌曲；草地上的小兔子也在无忧无虑地啃着嫩草。这是一幅多么美好、安宁的图景啊！

突然，有一天，海里来了头巨大的五头毒龙，它爬上岸来，把森林破坏得乱七八糟，在海里又搅起万丈浪花，摧毁了无数花草树木。生活在这里的鸟儿、动物们都预感到灾难临头，于是它们往东边逃，东边的森林倾倒、草地淹没；它们又都涌到西边，西边也是狂涛恶浪，打的动物们四处逃窜，无家可归。

可正当动物们走投无路的时候，有一天，大海的上空飘来了五朵色彩斑斓的祥云，一瞬间，这五朵祥云变成了五位慧空行母。她们腾云驾雾来到了海边，施法降住了五头毒龙。

妖魔被征服了，此时的海面也风平浪静，泛起波波涟漪。生活在这里的动物们对仙女顶礼膜拜，感谢她们的救命之恩。五位慧空行母准备回到天庭去，可是动物们却苦苦央求仙女能不能先不要走，留在人间帮众生谋利。

五位慧空行母的慈悲之心使得她们留下来与人间的众生们一起享受太平之日。仙女喝令大海退去，于是，东边变成了茂密的森林，西边亦是万顷良田，南边是花草茂盛的花园，而北边则是无边无际的牧场。

而这五位慧空行母，她们变成了喜马拉雅山脉的五个珠峰，即祥寿仙女峰、翠颜仙女峰、贞慧仙女峰、冠咏仙女峰、施仁仙女峰，屹立在西南部边缘之上守护着这片幸福的家园，那为首的翠颜仙女峰便是珠穆朗玛，就是今天的世界最高峰，当地人民都亲切地称之为"神女峰"。

自古以来，"开天辟地""女娲补天""大禹治水"等各类中国神话，都被集结成了不同时期各族人民的智慧结晶。就是因为这片土地的形成就像一片传奇之地、一次漂流之旅一样，从一开始的滇藏线到后来双江并流的澜沧江，都被赋予了一种对信仰抱持着坚定信心的力量。于是，很多神奇的事，令人叹为观止的风景也就由此诞生。

澜沧江大峡谷不仅以谷深及长闻名，且以江流湍急而著称。
冬日清澈而流急，夏季浑浊而澎湃。

闯入一片美地，有如
在荒景遇上丰年

········

　　若能入一清凉地，看遍好
风景，再寻得一好茶，这样的地
方，我愿意在此长居。

········

当澜沧江引领着不断迁徙与寻找幸福的人们一路向南奔腾而去的时候，神秘的热带雨林绝对会吸引你的眼光。这里的夏季炎热而漫长，释放的氧气使得它们被称为这个蓝色星球的肺。而这里的"居民"已经习惯了与峡谷大江相处共生，并衍生了一种山地农业——因密林丛生而衍生出的"茶文化"，成为当地人发挥到极致的一项特长。

帕赛村就深藏在美丽的澜沧江畔的热带雨林旁，属于最偏远的一个村寨，却有最有利的水资源。想要找到帕赛村并不容易，从云南省普洱市澜沧县出发，沿着214国道往临沧的方向行走，在文东乡的岔口找到刻有文东乡字样的地界碑，之后再经过二十公里的柏油路，十公里的黄土路，最终才能到达这个古茶村。

帕赛村的村口有一棵大榕树，这样的欢迎方式无疑最让人心旷神怡，而茶园就在这棵榕树远眺的下方。

澜沧江给了这片满目疮痍的村落以生机。村里，居住的大多是善于种茶的布朗人和拉祜人，在近一千二百年的时间里，他们执着并辛勤地培育着这里将近六千亩的古树茶园。在这片古树茶园中也诞生了中外茶坛上享有极高声誉的生态有机茶——云株溢。

世界上没有一处景致可以在一刹那间展现它所有的精华，但是茶有着这种天地钟灵的天赋。赋予它们这样的天赋的，除了天地日月之精华，就是布朗族和拉祜族。

"善作茶"的布朗族和拉祜族，尽情地享受着大自然赋予他们发展茶叶生产得天独厚的条件。站在帕赛古茶园中，可以看到或远或近的茶山，满眼郁郁葱葱。古树高大的树干与繁密的枝丫连接在一起，这是他们为避免过矮的树丛而特别配置的。而制茶的工艺，也成为这片茶园一派生机的奥秘所在。因为这样的原因，在他们的制茶过程中，会先采集乔木大叶作为种茶的嫩叶，再经过杀青、揉捻、干燥、后熟等精细加工，便可以制成清香馥郁的普洱茶。不论树龄多老，树干多高的茶树，如果喝起来不对味，就不能算是好茶。帕赛茶还有一种墨绿的干茶，带有沉稳的茶香，干茶香气类似于普通古树普洱茶的香气。可以想见，在当代的布朗人和拉祜人当中，多年的种茶实践使帕赛村的布朗人和拉祜人积累了丰富的制茶经验，而茶汤独有的香气，应该才是这个偏远小村落把茶文化保存至今的最有利的原因。

其实茶并不是青藏高原最主打的食文化，但如今，茶文化却在这个地方创造了灿烂的历史和文化，这就是生活在故乡，如同生活在母亲的子宫里一样，可以汲取无尽养分，可以享受天然的爱和自然的成长。茶文化在高原的兴盛，不仅是一种对于故乡思念的表达，更是希望和爱的永无止境延续。

土地带给茶叶以青藏高原最淳朴的味道，这让茶的衍生品——清茶、酥油茶、奶茶、甜茶非常盛行。在茶文化中，最具有鲜明民族文化特征的是烹茶的手艺。饮茶采用的是熬煮的手法。熬煮非常讲究火候，并且熬制的茶种类也非常多。藏族人普遍都喝茶，但是饮茶的量并不多。一般情况下，无论贫富，人们每天至少喝茶五六次。如果在寺院中，在早、中、晚三次诵经礼佛活动结束后，僧人们都会集体饮茶。

普洱，其实正是一种特定地理区域才有的茶。二〇〇八年颁布的国家标准普洱茶定义为：以地理标志保护范围内的云南大叶种晒青茶为原料，并在地理标志保护范围内采用特定加工工艺制成，具有独特品质特征的茶叶。

正是在这片少数民族聚居的神秘区域，才让茶叶有了栖息生长之地。可以说，目前全世界被称为"茶"的饮品，都是由云南传出去的。而明清两代，也正是普洱茶形成并走向辉煌的时代，那一时期大规模、有组织的种植栽培型茶树，在这两朝完成了的历史壮举。如今，在澜沧江流域海拔千米以上的高山林地中，经历了历史沧桑和自然灾害的古茶园依然郁郁葱葱，或成片分布，或单株散生。整个云南还存有野生茶树群落和古茶园面积二十七万亩以上。

自古以来，当人们明白自身需求与自身价值的时候，便体会到如何利用外界环境带给自身内部的改变。就像一个并不是茶乡之地，却因为有了热带雨林的湿润和滋养，在这片澜沧江下游奇迹般诞生了六大茶山和辽阔的茶园一般，让酥油和茶叶也开始了生生世世的相伴。而这里每一处人能立足的地方，都被种上了农作物，比如陡峭的山坡上纵横着无数小路的地方，比如连接着四处分散的房子的田地与水渠。谁能说这不是赶赴千年又千年的约会？

若能入一清凉地，看遍好风景，再寻得一好茶，这样的地方，我愿意就此长居。虽然普洱市北部传统上并非最著名的普洱茶产地，但是伴随哀牢山千家寨茶树王的发现，人们的目光开始逐渐关注这里，而随着人们对野生和栽培型普洱茶古树群落的了解逐渐增多，人们对这片土地的兴趣也越来越大。

现在对云株溢普洱茶研究的很多课题还远未到下结论的时候，但是我们仍然有很多理由锁定无量山脉、哀牢山西坡和澜沧江中游、者干江、威远江水系周围这些普洱茶资源最为丰富和最富潜质的地区。时间是一座恢宏的城堡，容纳着历史与尘埃，转眼即是千年。一代又一代，无数的村落城池随着时间灰飞烟灭，无数的生命纷纷扬扬，来来去去，灵魂一次又一次地相遇。曾经的繁华已经沉寂，喧嚣与伤痕都成为过眼云烟，热切疲惫的脚步最终也变成了尘埃，只留下千千万万的马蹄在这条古道上踏出的无数深达几十厘米的蹄印。如今，隽永的蹄印再次从历史中走来，见证了迁徙的艰难和道路史上的奇迹。可以说，迁徙，是梦想在热血中的奔流。寻找幸福，成为人类在历史长河中永恒的追求。

所幸的是，人类在寻找幸福的路上始终充满韧性与耐力、恒久与超然，他们充满诗性而神圣的光辉，涌动在这片灵性的高原之上。他们的生命也因此一直处于丰饶状态并构成了人类迁徙史上最惊心动魄的篇章。他们把最深重的心力交给了在大地上的找寻，内心也因此而变得充盈丰满，平和坚定。生命有了更广阔的可能和张力。透过这些脚步，不难发现那些经过岁月深深磨砺的坚韧踪迹。

很多人以为，为了达成自己的愿望，即使是再艰难的方式都有着合理且可以被忽略的价值，但藏人却深知，无论是用怎样的方式去表达信仰，他们所求得愿望的对象都是众生，而不能只为自己；用最虔诚的方式，表达敬意，表达真诚，而非儿戏。

因为没有不可变的实体，一切痛苦灾难，都能被"空"的状态化解掉。世间的一切，尽管你反复透彻地去领受、深思、认知和识别，其结论仍然不变。但是在这片具有灵性之美的青藏高原，人们始终让自己的心保持着与天最近的距离。同时他们也在用最纯朴的方式祈福——沐佛节、敬山神、采花节等等都是人们用祖先研习下来的习俗表达着人类对自然的敬畏之情。在他们看来，唯其如此，才能获得美好的命运。而这些踪迹仿佛是一份从远古走来并一直回荡在天地间的宣词：在寻找幸福的路上，人类的脚步，将永远不会停息！

漫长的告别

······

　　对高原的人们而言，不知道有朝一日还会不会回来这片曾经走过无数次的、曾经赖以生存的、承载着他们太多记忆的灵魂故土。

······

当阳光普照在香格里拉，当鸟儿的争鸣此起彼伏的时候，鲜花盛开在这片富饶的土地上。天是透明的蓝，白云的流动更使人可以忘记很多事，远处的雪山依旧，空气中夹杂着印度洋的气息，更不用说那山山水水、小堡垒、村落，反射着夕阳的一角庙抑或是一座塔，温润、清爽之感沁人心脾。

在这里，所有的一切都像一个巨大的网，思绪和感情用风景串联而成，经过细细地思考便可得知——无论是落在树叶上的雨、摇动的风，还是滋养树的土壤、四季和气候，都是构成一个个体的一部分。

河流，在这个地方有着必不可少的存在感。明朝万历五年，江西学者张璜所写的《图书编》中提到："水必有源，而水必有远近大小不同。或远近各有源也，则必主夫远，或远近不甚相悬，而大小之殊也，则必主夫大，纵使近大远微而源远流长，犹必以远为主也。"河流总是蜿蜿蜒蜒地陪伴在土地的身边，通过化学反应，用尽"身体里"的每一滴河水养育生长在土地上的每一寸生灵。于是这里的夏天拥有充沛的雨水与阳光，优质天然的气候让牦牛、甘加羊、蕨麻猪这样的优良品种闻名于世。浩瀚的林海和无垠的大草原上，生息着豹、水獭、香獐、雪鸡等生物还有麝香、牛黄、冬虫夏草等植物，可谓是珍奇聚集。

要说享誉香格里拉的著名河渠，非甘肃的夏河莫属。夏河因大夏河水而得名，流经县城驻地拉卜楞镇西南隅有著名的拉卜楞寺，从寺中可以俯视大夏河水，遥望桑科草原。仿若神秘的宗教文化、独特的藏族风情与美丽的草原风光在这片土地上以他们特有的仪式为世人举办了一场鲜花草原上的法会。

因为很少有人会来到这里，生活在此地的人们经常以一种流传下来的古老的方式来标记生活刻度。夏河县的旧城区名字叫曼克尔居民区以及觉姆山，听起来很像某个国家的小镇的名字，就是这样的小城集中反映了当地民俗的文化特点。村民们习惯供奉神山阿尼花勒合以及神山阿尼夏勒合，并且每年都举办大型的祭祀山神活动。在城区北侧的觉姆山海拔 3212 米之处，山顶上有一尼姑小庵——觉姆寺，仿若神仙的化身一样看着旧城中子民的一言一行。

祭祀山神，很大程度上是希望日子能够过得越来越顺心意，这是夏河县人们的心愿，但即使人们经常能够为放牧做好充沛的准备和供给，多变的气候、季节的更替，甘肃夏河的秋冬常常让当地的畜牧业因为寒冷和草原的冰冻而无法继续。萧瑟、寒冷与夏日的温暖湿润形成了鲜明的对比。为了再生而结籽的牧草逐渐枯萎，泛黄的大地成为这个时期夏河的主色调，牲畜们也在这个时候仿若知天命般地俯首于此，毫无生气可言。此时，大部分的人都已经离开了牧场，迁到了村子的定居点。次仁家成为唯一没有离开草原的一家人，这一切源于阿爸的反对。

阿爸的穿着非常具有藏民的特色——肥大的"蒙古袍"，袍子的边沿、袖口、领口绣着精致的蓝色、棕色绸缎云卷图案。宽大袖长让阿爸的手臂显得粗壮有力。腰带上还要挂上"三不离身"的蒙古刀、火镰和烟荷包。脚下一双香牛皮靴，尖稍向上微微翘着，靴子的邦上压着漂亮的花纹。一年四季都不离开草原的阿爸，仍旧偏爱这种传统的蒙古靴。

与年迈的阿爸不同，年轻的次仁，早在几年前就离开家到城里去闯荡，通过他对高原植物的了解，次仁建起了自己的青稞食品公司。作为一个生意人，次仁穿起了衬衫、西服，脚上一双油光锃亮的皮鞋让这位憨厚的小伙子显得格外时尚和城市化。虽然草原的生活在这位年轻人身上烙下了不可磨灭的印记——黝黑的皮肤，粗糙的双手，一脸朴实的笑容，但也因为草原，让他有了想走出去的欲望。

当人们面临着一种抉择，抑或是离别的时候，特别是离开生长多年的故土，总会感觉彷徨失措和某种无以名状地对未来的不确定。处在变革中，人的内心总是不安宁的。也许一位年迈的老人，会将自己的故土情结深深扎根在土地的深处，犹如种子一般，即使它贫瘠荒芜，也不愿放弃；但如果一个年轻人常年生活在一个枯竭的环境中，那就很难在性格中表现出内心的热情。就像如今已经衣食无忧，过上稳定生活的次仁一样，新的生活让他对于草原以外的世界拥有更多的期待。所以借着此次迁徙，把一家人带到城里生活成为了次仁的当务之急，同时他也想把女朋友拉姆带进他所生活的环境之中。

每一次环境的变更，更像是一次起航，只知起点，未知终点，甚至过程也是未知的，但它的意义是重大的。正史《明史》中记载道，早在1382年，朱元璋立国15年左右，曾有过一次大批人员的迁移。当时明朝大将傅友德率十余万大军进驻云南楚雄兵锋，目的地直指云南大理。在这之前，元朝的梁王部队已经被击溃。当时的世袭大理总管段世要求独立自治，就像唐朝时的南诏、宋朝时的大理国，但志在一统天下的朱元璋，不能接受这个条件。于是，段世写了一封恐吓信给傅友德，最后威胁说：你们还是"宁做中原死鬼，莫做边地幽魂"。就这样，移民成为一种军事进攻而不得已为之。如今虽然没有战争的压力，却让人们对于移民有了新的认识——一种文化和科技传播的途径。比如纳西移民带去了较为先进的农耕技术；比如明朝时期，明政权通过建立众多"卫所"，在云南派驻了大量的军队，甚至在明代后期，大量增加了云南人的数量。

谁也没有想到，移民带来了新的种族，也让某一种实体逐渐消失在人们的视野中。同样，"迁徙"对于当地人来说，也没有我们庸人自扰地把事情想得那样复杂，于他们而言，割舍不掉的是一种流淌在骨血中的印记。但生活在这里的牧人们，必时刻准备着一个生活环境的改变，甚至是一个家族的变迁。与此同时，这也是一个群体、一种生活方式的洗牌。

牧人渐行渐远

次仁家的阿爸的每一个时刻，无不围绕着草原而动。然而，人生实难，安家置产并非易事。要想离开雪线，去寻找新的牧场，不仅是牧人的"渐远"，更是迁徙的目的。

夏河的牧草显然供给不上牛羊，所以可以眼观几百只牦牛拖着行李成群结队地前进，几千只藏羊听着"整齐"的口令出发。队伍浩浩荡荡，由远及近，成为草原上固定的风景，又像一种定式，一年又一年地重复着。

这样的迁徙，将意味着离开草原，但在牧场生活了一辈子的阿爸不愿意接受这样的安排，在阿爸的世界里，草原是他生命中最重要的一部分，已经融进他的骨血里。从出生起，他就生活在这片草原上，当地的资源带给了他辽阔而美丽的生存环境，更赋予他稳定而从容的生活与内心。在过去的时光中，阿爸与生活在草原的其他牧民一样，一直过着游牧的生活，他们始终在缓慢的自然经济过程中保持着对草原淳朴的感情。喧闹的城市怎可与此相媲美？城市虽然在给我们创造文明、满足欲望，但同时也在无时无刻威胁着我们的生活质量。阿爸一定深谙这些。

记得徐志摩曾经在其文章《翡冷翠山居闲话》中引用歌德的一段话："自然是最伟大的一部书，阿尔卑斯与五老峰；雪西里与普陀山；莱茵河与扬子江；梨梦湖（莱蒙湖）与西子湖；剑兰与琼花；杭州西溪的芦雪与维尼市夕照的红潮；百灵与夜莺；更不提一般黄的黄麦，一般紫的紫藤；一般青的青草同在大地上生长，同在和风中波动——他们应用的符号是永远一致的，他们的意义是永远明显的，只要你自己性灵上不长疮瘢，眼不盲，耳不塞，这无形迹的最高等教育便永远是你的名分，这不取费的最珍贵的补剂便永远供你的受用；你在这个世界上寂寞时便不寂寞，穷困时便不穷困，苦恼时有安慰，挫折时有鼓励，软弱时有督责，迷失时有指南针。"

曾几何时，我们忽视了自然与人之间的一种平衡，把所有灵性的展现视为一种理所当然，所以世代生活在草原的阿爸才会没有次仁的洒脱与决然。人与自然、人与自身、人与人之间的矛盾与平衡需要多么久才能达成？灵性的土地需要多少世代才能散发出它应有的光辉？当赖以生存的环境发生了改变，又将如何让人的生命得以提升呢？

无奈的是，日子一天一天向前走，昨日和昨日堆砌成为一片阿爸和次仁不可避免的灰暗背景，那么结实又那么缥缈，使每一个人拥有的每时每刻都是那么重要，却又无法转换意识，只能凭借自己的一己之力完成当下的每一个时刻。此时，改变的力量是多么的渺小呀！但不得不说，这样的无能为力在无形中推动了一种进步的产生，推动了一种代表意识更替的转换。因为只有这样，才能让生活在这里的人们学会了不依赖于一个背景——草原，就像禅学中所提到的一样：不与万法为侣。

"不与万法为侣"——身在高原地区的人们其实早已深谙"与万法

为侣"的踪迹，无数人无数次地想沉入这里。因为这里的草原、密林、河谷里，一年四季都有奉献给人类的礼物——蜂蜜、红枣、小麦、大米、葡萄、核桃、桃子、海棠、竹子和桂皮，像是一群充满生气、见证大自然之爱的过客一样展现在人们的眼前。大自然是如此善待人们，主要粮食来源青稞也生长在这里。如今，青稞的六角形状已经成为藏饰的主要图形。

《舌尖上的中国》中这样讲述青稞：青稞，藏族人世代种植的粮食。凭借青稞带来的营养和能量，人们在这样空气稀薄、人烟罕至的地方生存了下来。当地的望果节在青稞成熟前举行，转地头，是望果节不可或缺的仪式。那时，每家都会选出最重要的成员来参加。这个时候，藏族人要感谢上苍，是上苍把青稞赐给了他们，人们也会祈求上天给他们风调雨顺的好天气，青稞好丰收。

虔诚于此地而言，不仅仅针对信仰，更是一种内心对于精神的要求和标杆。就像这片草原，适合畜牧业以及植物的发展，不仅代表着人为的创造，更得益于天时地利的造物者，在这里，人类和动物过着平静祥和的生活。看，牧人们手拿长矛，身穿厚厚的藏服，头戴红色毡顶帽，脸上洋溢着幸福和满足的笑容。毛色黝黑发亮的耗牛，幸福地大口吃着草地上水分充足的嫩草，在蓝天白云之下，该如何形容这样的恬淡生活呢？

来时无迹去无踪，

去与来时事一同；

何须更问浮生事，

至此浮生是梦中。

体会过这样幸福生活的人，谁愿意改变这样的状态而另觅他地呢？牧人们的思想中有着最原始的生活方式和思维模式，他们期待着过着简单却充满理想的生活。所以，宁愿忍受一时的"固守成规"，也不愿意有意识地改变现状。现代人又何尝不是呢？

作为藏区的人其实很适应"转场"，虽然为转场做准备，亦是一项非常艰巨的任务。每到秋末冬初，牧人们把在高山牧场吃饱草籽的牛羊们往冬窝子或山下的牧场里赶，在这里，它们中的一大部分母畜将怀胎孕育，母畜们靠着牧民每天添加的干草和夏秋积在身上的膘，来维持腹中的小生命，并度过漫长的冬日。因为在一年之中，春夏秋三季是畜牧业的好时候，羊群、牛队已经极好地吸收了日月赋予大地的精华，长得肥美和健壮，足够抵御冬天的严寒。即使是这样，是否跟随儿子次仁进城，阿爸仍然持反对意见，而且从不打算为"搬家"做任何准备。

"一年又一年，四季都只能在圈起来的草场里放牧，草都没来得及长出来就被啃光了，这怎么可以。"面对离开的现状，在牧场生活了一辈子的老阿爸终于说出了自己的看法。生存经验告诉他，把牲畜圈在每户划定的草场里放牧，也许是更为危险的事情。说话间，常年被太阳晒得皮肤黝黑的阿爸，眼神中透出的是无奈还是担忧已经分不清楚了。

人间别久不成悲

时间流逝到阿爸不得不做出选择的时候了。

次仁陪伴着阿爸驻足在辽阔的草原上——严寒的冬天使得草场开始逐渐枯萎，牲畜的食物已经供给不上，游牧还是定居，已经是一种现实的呈现，做出选择已经迫在眉睫了。

这种时刻，你是否也会深有体会——有时它突如其来，有时它潜伏而出，这时在生活中意识到那么凑巧的顷刻让人紧张的不能自已的，心底流动着一片浓挚或深沉的情感，同时它又敛聚着重重繁复演变的情绪，本能地迫使你要回想起曾经的快乐或悲伤——也许，这就是离别的力量。

当然，谁也无法抗拒离别的力量，阿爸也是一样。在家人的劝说下，这片草地上最后一家人——次仁一家终于在阿爸的首肯下开始准备转移。但是，阿爸是有条件的，条件就是家里的行李可以用卡车搬运，但他自己选择骑着心爱的马儿上路，以此来纪念自己曾经的游牧生活。不过，身为青藏高原的人们，绝不会任由心悲得如此戚戚然，他们会选择用"撒风马"这种仪式来解开心结。

"风马"是一种写满经文的纸片，藏语称为"龙达"，是祭祀山神活动中的主要内容之一。风马有红、黄、白、蓝、绿五种颜色，纸呈四方形，长宽各约六厘米左右。中央印有一匹驮摩尼珠宝的骏马，上面还印有日月，四个边角还印有龙、鹏、虎、狮四种动物。有的风马在四个角只印有"龙"

等动物的藏文名称，有的只印六字真言等等。每当祭祀山神的时候，向空中抛洒风马就成为一项不可缺少的重要内容。这既是向山神奉献坐骑宝马，也是向山神祈求福运吉祥。

藏族人在路过很多山口的时候会撒风马，同时高喊"拉加喽"，意思是"神胜利了"！此时，次仁与阿爸向空中抛撒着写满经纶的纸片，次仁的脸上也因为内心的不舍而留下了泪水。"真想不明白，千百年来，祖祖辈辈依赖草原生活，转场迁徙，就是顺应天地。噢……我的草原……"

古往今来，生活在草原的人们一直靠着游牧生存，也一直以自己独有的方式不被外界所干扰地生活着，他们遵循着大自然的花开花落、日升月降，也遵循着大自然给予的时间指轮繁衍生息。如今这样的场景饱含着对于幸福感的种种感悟，有已经尝味的、还在尝味的以及幻想尝味的、未知的"幸福"，人生意义的错综重叠就在这其间活跃着。

人间别久不成悲。因为别离了太久，让那颗曾经火热的心也变得木然了，木然到连悲伤都不会。但我更愿意这样理解——那些离别的阵痛，被岁月沉积在深处，多少年，伤口都没有彻底的结痂，于是，便不敢轻易碰触。而对于高原的人们而言，不知道有朝一日还会不会回来这片曾经走过无数次的、曾经赖以生存的、承载着他们太多记忆的灵魂故土。于他们而言，这是最后一次转场或迁徙，亦是一次真正的告别。

藏族认为，风马在深层意义上指人的气数和运道，或者特指五行。在灵气聚集之处（神山圣湖等），挂置印有敬畏神灵和祈求护佑等愿望的风马，让风吹送，有利于愿望的传达和实现。

飘荡着田野牧歌的地方

迪庆这个词在藏语里的意思是"吉祥如意的地方"，高山峡谷汇聚于此，的确有种采集天地之灵气、收纳所有福气的壮丽之感。

用人迹罕至这个词语来形容某一个地方，总会让人感到有种神秘气息的样子，甚至会让人禁不住想去挖掘或探究。当然，当你走进这里的"人迹罕至"就会发现，它的神秘感犹如置身银河系般让人目不暇接，这里蕴藏着诸多大自然的秘密，等待来到这里的人揭开它们神秘的面纱。

与酷烈的青藏高原相比，海拔 3500 米的香格里拉地区呈现出了截然不同的场景。香格里拉县是云南省面积最大、人口密度最低的县份之一。这样的一大一小，让它呈现出了与其他地方不同的景致——沟箐和山峰比比皆是。

森林王国是香格里拉县的一个代名词，它拥有的木材蕴藏量在 1 亿立方米以上，森林覆盖率将近 36.4%，这里出产的云杉、冷杉木质细腻、粗壮笔直，还有红豆杉、榧木等诸多珍贵的树木林立山间。此外，香格里拉县也出产大量名贵的中药材，比如冬虫夏草、贝母、雪上一枝蒿、珠子参。在这里的每一种植物，都能让人惊叹它们的价值，不仅仅是简单的存在，而是一种集日月之精华的高贵感。山涧中，偶见的名贵观赏植物墨兰、雪莲等不时高调展示着自己的姿态美，细心的话还可以发现丰富的食用菌：木耳、鸡枞、羊肚菌。如果眼睛能够被风景喂饱，那么香格里拉的松茸及其他野生菌类交易市场，一定会让很多慕名而来的商人满载而归。

松茸在当地自古就有着某种传奇色彩，好似这样的物种在这片神奇的土地上也经过了多年的修炼一样。最开始，松茸只有十几元至几十元一斤，而短短几年之后价格飞涨到几百元一斤，如果是极品级别那就更不用说了，对于想买的人来说，即使千元一斤也会痛快地收入囊中。但"物以稀为贵"的说法在这里得到了最好的诠释，松茸之所以会如此之稀少，完全因为它的产量，另一个原因便是：想要找到松茸，还真得下一番工夫。生长在森林中的松茸，一般寄居于参天大树之根部，找它，必须要拨开腐叶，一棵棵地找，有时候弄得浑身泥土，也不一定有收获，同时还要躲避藏香猪的袭击。

香格里拉县位于滇、川及西藏三省区交汇处，是举世闻名的"三江并流"风景区腹地。因为青藏高原地势高峻、地形特殊，这里从而形成了独特的气候特征。时而阳光明媚、时而阴雨连连，甚至还会有冰雹从天而降。此时，这个有着地球"第三极"之称的青藏区因为光照充足、辐射量大而水草肥沃，但也有可能因为空气稀薄、含氧量少而形成气候的多样化。"硬币总有两面"——复杂多样的气候，巨大的地区差异，反而为发展青藏区独具特色的"立体农业"奠定了基础。牧民们在肥沃的草地上赶着牛羊，头顶上却在遭受着冰雹的"袭击"。当成千上万的冰雹在绿海绵般的草地上起舞时，谁能说这不是一幅美丽的风景呢？野牦牛、白唇鹿等稀有的野生动物在这样人类难以忍受的极地天气之下，享受着大自然带给它们的意外之喜。

这样的土地一定是个盛产灵性动物的神秘沃土。

藏獒，产于西藏，是国家二类保护动物，世界级珍稀品种，据记载其距今已经有 800 万到 1300 万年的历史。2000 多年前，藏獒便活跃在喜马拉雅山脉，以及海拔 3000 多米的青藏高原地区。藏系的藏獒骨架粗壮、体魄强健、吼声如雷、英勇善战，属于护卫犬种，具有王者的霸气和对主人极其忠诚的秉性。

熊猫在藏语里面叫"东噶尔"。"东"就是狗熊，熊的统称，"噶尔"，是白色，特指黑白相间的大熊猫。大熊猫生活在中国西部青藏高原东缘的高山深谷稠密的竹林中。民间历史上很早以来就有一年一度的脸上抹上黑灰，大跳熊猫舞的习俗。那么熊猫是否像藏獒、藏羚羊一样要叫做藏熊猫呢？关于这一点，藏人并不看重。藏人更愿意思索：为什么熊猫会生活在这样的自然和人文环境中？为什么濒临灭绝的大熊猫会在藏区得到繁衍生息？为什么如此脆弱的物种在这个地方却顽强地生存和发展着？听说通过熊猫，可以让人了解到藏区人和自然、动物和谐相处的秘密，也可以了解到，人和人在过去岁月中和谐相处的秘密。

《消失的地平线》是一九九三年英国著名作家詹姆斯·希尔顿的小说，书里这样描绘香格里拉："这是一个充满诗意和梦幻、飘荡着田野牧歌的理想的地方，雪峰峡谷、庙宇深邃、森林环绕、牛羊成群；这是一个各种信仰和平共存的精神的家园，四处遍布着基督教堂、佛教寺庙、道观和儒教祠堂；这是一个奉行'适度原则'的和谐世界，对任何事情都保持一种适度的原则，即使对待欢乐也不例外。"

按字索境，人们找出这部小说《消失的地平线》，最后经过学者和考古学家九个多月的考证，终于确定：香格里拉，就是迪庆。

虽然称谓变了，但给人的质感却没有变化。迪庆这个词在藏语里的意思是"吉祥如意的地方"，高山峡谷汇聚于此，的确有种采集天地之灵气、收纳了所有福气的壮丽之感。美好就是这样一种眼见为实，更何况这样的美好可触可感，一刻都没有离开愿意感受它的人们，即使好像很多事情都是情理之中、意料之外一样地发生着、发展着，但在人们心中，幸福的感觉始终没有走开。

香格里拉大峡谷直耸云天的绝壁上，分布着岩画。
那各种各样的图形，至今让人们还未能探究清楚其表达的意义。

任时光流走，
风华不曾离开

　　情诗与圣寺仿佛一半春愁一半水，浇灌在这片充满灵性光辉的佛教之境，让逐水草而居，生活在这里的牧民们一直沿袭着古人的智慧。

因为冯导的电影《非诚勿扰》而闻名的仓央嘉措，仿佛一夜之间让所有的人都开始听情诗，读情诗了，而六世达赖喇嘛仓央嘉措俨然成为了"情诗"的代言人。

仓央嘉措的所有作品全部完成于二十五岁之前，"情诗"也成就了这位身份尊贵的"西藏之王"，使其成为佛界中的"异类"。优美动人的《仓央嘉措情歌》就是他的代表作。如果你细细品读仓央嘉措的"情诗"，你会发现这里的"情"，绝非单一模式下的感情。

所有的感触都是前一刻你丧失了珍贵的东西，下一刻却发现你的心安住在深度的宁静状态中。仓央嘉措的诗作也表达出了如此意境，这片灵性高原用它最自然的方式告诉人们最简单的，也是最难懂的道理——每当发生这样的情况时，不要立刻寻找答案，只要停在那个宁静的状态中一会儿，往内心关照，你将发现自己内心的觉悟心不死。渐渐地，你会变得更敏感、更警觉。那种不确定的状态，也许会让一切变得丧气而了无希望。但如果深入一层去看，你将发现它的本质。因为我们的心性会使我们觉察，特别是在强烈改变和过渡的时刻，我们那宛如天空般的、本初的心性将有机会呈现。当心性有机会呈现的时候，便有如风吹过树林、叶子掉下来一样法道自然而然。

失去宁静，有时候就是失去内心的一种对于幸福的期待，期待的外在世界消失了，之后所有的感受、精神以及意念，也会慢慢变得模糊不清，立刻朦胧起来，让人有些气馁。有点像是满是雾霾的天气，似雾非雾般地看不清楚。处在这样的状态下，人会慢慢地怀疑起来，可能是外界的环境，也有可能是自己，最终还有可能说服自己以接受的姿态模糊地相信着。

毕竟人还是有智慧的。有一种方式——打坐，它会让人比较专注地思考一个念头，如此可以诚实地面对自我，如同某一个瞬间情感的流露，也许不曾刻意。也许高山上的人自出生以来就具有这般天赋吧，只要心中有了一个信念，就单纯地、集中地去实现，像是爱情中执着的人儿似的。

拉卜楞寺，又叫扎西其寺，是当地非常著名的一座庙宇，藏语全称："噶丹夏珠达尔吉扎西益苏奇具琅"，意思为具喜讲修兴吉祥右旋寺。这座寺庙被世界誉为"世界藏学府"，也是藏传佛教格鲁派六大寺院之一。

盛名于外的拉卜楞寺，地理位置非常独特。它位于夏河县城西，背依风山，面对龙山，地处"金盆养鱼"之地。据文献记载，拉卜楞地区在西周时，就是西羌活动之地，魏晋南北朝时，属于吐谷浑、党项以及羌族游牧区。唐朝时，吐蕃王朝势力向青海地区扩张，拉卜楞地区被吐蕃占据，促进了当地羌族与吐蕃的融合，同时也密切了吐蕃与汉族及其他民族的联系。而到了清朝时，今天的拉卜楞寺所在地成为蒙古和硕特部河南蒙古亲王察罕丹津的家庙。直到康熙四十八年，也就是一七〇九年，河南亲王为弘扬佛法，安抚部属，恭请第一世嘉木祥，也就是文殊菩萨从西藏返回家乡，并决定在此建寺。于是，拉卜楞寺于一七一一年正式动工，并首建八十柱大殿的大经堂，这就意味着从拉卜愣寺诞生之日起它就是政教合一的寺院。

要说到拉卜楞寺如今的规模，那绝对可以用世人仰慕来形容。原因是后来的寺院陆续修建了拉章、续部下院、时轮学院、医药学院、续部上院和喜金刚学院，并扩建了各种佛殿。历经了二百八十多年的兴建、翻修、扩建，此时曾经的小寺院已经成为一个拥有一百零八个属寺和八十教区、六大札仓和四十八座佛殿的大寺院。同时，这里还拥有五百多座僧院的庞大藏传佛教建筑群。当地的佛学者这样评价如今的拉卜楞寺——保留全国最好的藏传佛教教学体系，因此从拉卜楞寺走出去的高僧数不胜数，对藏传佛教的传承与传播有着不可替代的作用。

寺院高阁，戒律森严，除了让更多的修行者感受到佛家的严律之外，也让人难免唏嘘那些世人无法体会的现实与内心的挣扎。就像仓央嘉措的诗传遍了前藏、后藏，传遍了藏北、藏南，传遍了古老的山南。三百年来我们一直传唱这首歌，只因为仓央嘉措，但这就是仓央嘉措最后的结局，一个不成功的活佛，然而他却是一个伟大的诗人。如今站在拉卜楞寺的土地上，让人看到的一切事情便是试图发现信仰，发现自己的内心。作为朝圣者，他们可以有为了某一个愿望而设定的私心，作为一个修行的机会，每一个来到这里的人都希望此次的修行也是一次忍辱的机会。

于是，在这里你可以看到虔诚的藏族老阿妈口中念念有词，向着贡唐佛塔磕着等身长头，她们用尽一生的辛勤与坚韧坚持着自己的信仰，心甘情愿匍匐在苍天之下泥土之上；拉卜楞寺的西南角巍然屹立着一座金碧辉煌的宝塔——著名的贡唐佛塔，这座宝塔历经百年沧桑，但不幸毁于"文化大革命"时期。现在的贡唐宝塔是按原规模样式重建的，塔高五层，由塔刹、塔瓶、塔座三大部分组成，光芒依旧；整个拉卜楞寺的建筑格局庄严巍峨，宏伟壮观，雕梁画栋，金碧辉煌。鎏金炫丽，蓝天白云，金色的佛殿，红色的僧袍，七彩佛国拉卜楞寺华美的如同传说中的西天圣境。

拉卜楞寺中最著名的泥像是宗喀巴佛殿的宗喀巴泥塑和观世音菩萨殿的观世音泥塑像。宗喀巴佛像高约 6 米，宽 4.4 米，造型生动，线条清晰，头戴黄帽，神态栩栩如生，威仪庄严。观音菩萨也称千手千眼观音，据传千手表示护持众生，千眼表示观照人间，都是大慈大悲的表现。菩萨眉目生动，伫立瞻望，给人以慈祥的印象。其他的佛殿也有不同的泥塑佛像，总计九百五十件，数量相当可观。

另外，这里还是一座古代文化艺术的宝库，尤其是各个佛殿装饰的绚丽多彩的酥油花，唐卡画和堆绣，堪称藏艺三绝，在海内外颇有影响。

而酥油花最早起源于西藏，也与拉卜楞寺有着千丝万缕的联系。传说唐朝文成公主与藏王松赞干布成婚时，从长安带去了一尊释迦牟尼佛像供奉在寺内。这尊佛像原来没有冠冕，黄教创始人宗喀巴给佛像献上莲花形护法冠和披肩，还供了酥油花和酥油灯。从此，酥油花就流传下来，成为藏族塑造成各种人物、花卉、山水、建筑、飞禽走兽及佛经故事。在这里，过不多时就可以听到喇嘛在经堂念经，往往能够获得一种久违了的淡定与安宁。

情诗与圣寺仿佛一半春愁一半水，浇灌在这片充满灵性光辉的佛国之境，让逐水草而居，生活在这里的牧民们一直沿袭着古人的智慧，伴随着佛经的传颂，在高原的日月更替中不断地完成着繁衍生息，用佛的慧眼注视着发生在这里的一切幸福轮回。

哈尼·人·梯田

梯田是小伙子的脸。小伙子美不美，主要看他造田做得怎么样，若是他筑埂、铲堤、犁耙田样样来得，就会得到大家的称赞，并赢得姑娘的爱慕。姑娘美不美，关键要看她在梯田里做的活计好不好。

在中国西南的哀牢山地区，梯田改变了山区的地貌，浓缩了祖先与自然和谐相处的智慧。而来自印度洋的暖湿气流，到了哀牢山腹地后，也放慢了脚步，滋养着山川、梯田、森林与河流，构成了天人合一的生存景观。梯田就在这样的生存环境中，释放着它古老而神秘的气息。如果说人类是很多事物的造就者，那么自然就是承接这一切的使者。或好或坏它都接纳着。

哈尼族是云南少数民族之一，居住在哀牢山南段的红河北岸。充满智慧的哈尼人把自然生态逐渐转化为农业生态，森林、村寨、梯田、水系这四个要素被和谐地统一起来进行农业生产。在面对高山峡谷的生存空间这个问题上，哈尼人民创造、总结出一套垦种梯田的丰富经验。他们根据不同的地形、土质修堤筑埂，利用"山有多高，水有多高"的自然条件，把终年不断的山泉溪涧，通过水笕沟渠引进梯田。这样的阶梯式农田，通风透光条件非常好，非常有利于作物生长和营养物质的积累。除此之外，梯田还是治理坡耕地水土流失最有效的措施，蓄水、保土、增产的作用也十分显著。如此种种，使得哈尼梯田获得一个美誉——"中国最美的山岭雕刻"。

其实人类智慧的获得，从来都从属不同的途经。哈尼族人获得智慧的方式早在梯田的分类和不同形式地被利用时就已展现得淋漓尽致，因为哈尼族所开垦的梯田台阶数之多，技艺之精巧，效果之显著，规模之宏大，在世界上是独一无二的。比如按田面坡度不同分，有水平梯田、坡式梯田、复式梯田。梯田的宽度根据地面坡度大小、土层厚薄、耕作方式、劳力多少和经济条件而定也有很多不同的种类。修筑梯田时可以保留表土，梯田修成后，配合深翻、增施有机肥料、种植适当的先锋作物，不仅可以加速土壤熟化，还可以提高土壤的肥力。

因为梯田是哈尼族最重要的衣食之源，所以哈尼人对水特别珍惜，另一处展现哈尼人智慧的便是"刻木定水"的民约。"刻木定水"就是计量好一股山泉所能灌溉的梯田面积，人们之间友好协商，然后拟定每块田会得到灌溉的水量，再按水流流经田地的先后顺序在水沟与田块的入水口处放置一块横木，并在横木上刻定那块田应得的水量位置，让水自行流进田里。

梯田艺术的缔造者

每到初春时节，形状各异的梯田被浇灌上清澈的泉水，在明媚的阳光下显得波光粼粼；三、四月间，层层梯田映满整个峡谷，青翠欲滴，宛如一块块绿色壁毯铺满山涧；到了夏末秋初的时候，稻谷都已经成熟，放眼望去，一片金黄。因为初春时节昼夜温差较大，所以当梯田的水汽上升到空气中，再凝结到半空中，在大气的作用下，水汽仿佛云雾一般云腾雾绕，宛若仙境。

回到家中的哈尼人也从不百无聊赖，他们视火为家庭的生命，所以非常小心地保护家中的火种，并虔诚敬奉火塘。来到哈尼人的家中，你会发现每家都有几个形状、材质不同的火塘，这些火塘不仅要烟火长燃，而且不可相互混用。比如，第一个火塘煮小锅饭、炒菜，第二个火塘专门用来蒸饭，如果再有一个火塘则只用来煮猪食，绝不占用别的火塘。有时候抬起头来，你还会看到火塘上空吊着一个硬篾编成的类似吊床似的他们称为"火课"的东西，火课是哈尼人用来熏炙食物的物件。

除了过节杀牲祭祖时，各家各户要特备米饭、肉菜和辣酒各一碗，专门祭祀神圣的火塘。像所有有宗教信仰的国家和地域一样，哈尼人也有他们崇敬的动物，水牛是耕种梯田的得力助手，所以敬牛习俗在此地应运而生。那么，如何敬牛呢？相传在母牛生下小牛犊后，全家人便上山觅割嫩草喂母牛和小牛犊，食物当中还会加上肥肉和红糖水来补充营养；如果遭遇寒冷的天气，哈尼人不惜用口衣服、棉絮把牛包裹起来抵御寒冷。牛犊生下来的第三天清晨，主人全家会把蒸好的一大甑子糯米饭放在牛厩前，按照家中人口和水牛母子的个数，捏出若干饭团子，给每只牛喂一个，之后家人才各自分取一团吃。

作为当地的习俗，对牛敬畏的做法没有过多的非议。不过哈尼族的神奇之处在一道菜上，这道奇肴叫"白旺"，听起来如此普通的菜名却是用生猪血、羊血、狗血制作的剁生，哈尼族支系的爱尼人称之为"阿压马捏"。这道奇肴经典到可以被列为杀猪宰牛期间必不可少的名菜之一。

剁生实际是一种用猪、羊鲜血做的凉拌菜。制作方法如下：首先取出适量的椒盐放在瓦盆中，然后将瓦盆接在准备宰杀的牲畜面前，对准喷涌的血口，让流出的血水与椒盐交融在一起，同时用筷子迅速搅拌，并以姜汁、蒜汁、皮菜根，炒肝和炒花生米面作为佐料。一切准备就绪，冲一碗冷开水放进血盆中，再把刚刚准备的各种佐料撒在血盆里，随后几分钟血液便凝固住，切成大小不一的形状，这一盘就是让当地人无不欢喜的剁生。

"靠山吃山，靠水吃水"，哈尼人的生活，如梯田一样层层叠叠却可一眼望尽。他们可以说是地地道道的自然人。创新让他们与自然和谐统一在一起，从内心对于所有生灵秉持着平等的心态，且合理地使用各种可以利用的资源滋养他们的生活，并非单单因为特殊地势、独特的民族特征而以自己姿态独立，而是始终低调地处理自己与自己的关系，自己与自然的关系，这是珍贵的，尤其在这个标新立异的时代，这样的共鸣也是无价的。梯田里生长的稻谷仿佛也被这般美好所感染，苗壮地成长，为人们提供口粮。放眼望去，一片片金黄的稻谷，是自然的空气、水给予的养分，自然界同样毫无保留地供养着这里的人们繁衍生息。

自然的神奇在哈尼族人的土地上不断创造着奇迹。有一种树远近闻名，看起来它就是一棵样子普通的沙松树，属于松科冷杉，但从年轮上判断它已经有了上千年的树龄。它的传奇之处则是曾枯死三年又吐新芽，因此被当地村民称其为"老龙树"，当地的村民也认为这棵死而复生的"老龙树"一定会保佑着这一方的乡民。如果用心去体会这棵老龙树的所在，还真有一种仙风道骨之感，加之这里的气候阴晴不定，时而突然惊雷交加，时而阵雨潇潇；瞬间又云舒日出，让人无法预料。按老人的话说，这是数十年一遇的吉象。

吉象，是个让人听来振奋鼓舞的好词，哈尼人作为这片土地的主宰，用大自然赋予他们的"食物"制成盘中的大餐。物竞天择，自然回馈给哈尼人以智慧。从用水到取火，从敬奉牛神到取血为食，互为启蒙者的自然界与人类在这里共存，并不断创造出收获喜悦的轮回。

人生能尽兴时便尽兴

亚当·斯密曾经说过："一个社会要想有旺盛的生命力，就应当鼓励一切人在一切可能的方向上，探索自己喜欢的新的生活方式。"

二〇一一年的春天，一位老者在哀牢山上悠然自得地唱着没有调子却韵律多元的民谣，蓝天白云之下，嫣然形成一派人与自然和谐共存的画面。这是一首《哈尼族祭祀梯田歌》，歌词大致是这样的：

二月来了，

男人耕田的日子到了，

备下了春耕的柴火，

　　拿着染黄的糯米饭，

　　拿着鸭蛋和鸡蛋，

　　秧苗没有插进泥土，

　　女人不能清闲，男人不能睡稳。

　　仔细看这位唱着祭祀梯田歌曲的老者，只见他手里端着一碗米饭，上面立放一枚鸡蛋，居高山而远眺，仿佛要将歌声唱到每一位山神和梯田祖先的耳朵里，让他们知道他的所在。老者的歌声中饱含了梯田在哈尼人心中的地位和期待。

　　现实就像歌中唱到的一样，在每年二月的时候，哀牢山的哈尼族聚集地就迎来了梯田播种的季节。开垦梯田对于哈尼族人民来说，是一件世代相传的事情。这是哈尼族每一年都期待已久的时刻，象征着又一轮新生命的开始。在播种之前，哈尼族人民需要做以下工作——实地调查研究、掌握山势地形的走向、水源流向和流量、土壤肥力和厚度状况、吸阳光是否充足等等，最后根据调查情况确定是否开垦和怎样进行开垦。

　　哈尼族的祖先从原始的青藏高原逐渐向南迁移，顺应自然，同农耕稻作文化完美地结合到一起。依山而居的他们，时常拿起自己的乐器，与家人朋友来到山上，望着远山和白云，还有山下的梯田，开始着一天又一天的生活。像水牛和镰刀是开垦梯田最重要的工具一般，男人们从每一年的二月开始，便有了肩头的重担。哈尼人在千年的时光中——从高原牧民的游牧生活到定居农耕——完成了整个民族的华丽转身。如今的哈尼人，早就没有了祖先游牧的身影，家中留存的马鞭、鞍具已经被雕塑大地的犁耙、镰刀所代替。也许正是因为这样的劳作，让男人们有了生活以外的成就感和责任感。

到了梯田耕种的季节，哈尼族的人们尤其是男人们，便开始忙碌了。哀牢山哈尼族有句俗话：梯田是小伙子的脸。小伙子美不美，主要看他造田做得怎么样，若是他筑埂、铲堤、犁耙田样样来得，就会得到大家的称赞，并赢得姑娘的爱慕。当然，姑娘美不美，关键要看她在梯田里做的活计好不好。同样，规律藏在"周而复始"的劳作里——当男人们耕完地之后，女人们就双手提着秧苗来到自家的梯田中，开始插秧。男人们开垦梯田，女人们就负责插秧。如此，哈尼人一生的情感都与梯田缠绕在一起。

依照传统，生活在这里的人无论迁徙到哪里，都要严格依照梯田和山冈所能提供的粮食产量来合理配置村寨的位置、大小和人口的数量。如果人口发展超出了土地的保有量，则由"普玛"母寨分出"普染"，也就是子寨，择地迁居。通常，寨子上方的森林被视为深林，是整个寨子最为高贵和神秘的所在。

这一切，都是人类向大自然保有一颗敬畏之心的最好证明。无论是否真有神灵的存在，哈尼族的人们都深知田里一年粮食的收成，都将依赖于自然界的照顾与给予。这样的给予不仅仅是一种土壤与空气和水发生的化学反应，更是人类在地球上生存中每一小步所带来的质的飞跃。

　　天天与自然相伴，生活在距离自然最近地方的哈尼族人民，他们用最朴素的方式，最原始的行为为开垦举行祭祀活动，祈求他们赖以生存的自然能够带给他们收获和幸福。

　　与其他少数民族地区一样，哈尼族对于这一年一度的盛大开垦活动非常重视，祭祀是这其中非常重要的一环。每年的这个时候，祭司都会用最大的声音向大地祈求，祈愿风调雨顺，五谷丰登。全村的男人们也都会到山林中一起参与，女人则在家中等待准备祭祀所用的东西。哈尼族相信神灵的存在，他们认为万物有灵，真心的祈求会得到上天的眷顾，让他们来年能有一个好的收成。于是在插秧之前，开秧门的仪式非常热闹地举行了……

　　开秧门的这天早上，一阵热扑扑的腊肉香味，能把人从睡梦里扯醒。这个时候，家里已经聚集了四五位邻家大婶，烧火的、做饭的，嘻嘻哈哈地搅在一起，手和嘴都不闲着，家里人来人往，热闹的不得了。

　　与家里形成鲜明对比的是，村子里静静的，除了几只晃动的狗和觅食的鸡之外，几乎看不到人影。阳光尽情地泼洒开来，把青瓦白墙，还有挂绿的树木染上了一抹金黄。风，一丝一缕地吹过来，轻柔里夹带着暖意。

　　哈尼人习惯大家在一起庆祝某种节日或是举办活动，特别是这开秧门可比过年还要热闹。已经被泉水浇灌妥当的水田四周，早已聚满了村里的男女老少。田埂上摆了几张桌子，插了一溜红旗。桌上的木盘里放着糯米团、腊肉、油条、咸鸭蛋、米酒。

这时，拴在竹竿上的一串炮仗不知被谁点燃了。在噼噼啪啪的脆响声里，人们纷纷涌向桌前哄抢食物，这样的举动好像是谁发了号令一般整齐。大家正吃在兴头上的时候，祭祀活动的举办人吹响了哨子——"插直俗子"开始了。四个小伙子，在水田的对边分别各放一只秧，定"准线"，同时下田背向退插。田埂上的人们看着喊着，当他们在田中相会，俗位不偏不倚，四行恰皆对上时，人们的欢呼声更加强烈了——"踩田不唱歌，禾少稗子多"。话音刚落，田埂上青年男女都纷纷涌入了水田，手持小秧边插边对唱了起来：

上凤飘下一对鹅，雌鹅河边叫哥哥。蓝花白花玉兰花儿开呀，嗯呀哦吱呻，呻呀，呻儿，多风流。我的情哥哥，嗯呀哟，呀得儿喂。

两只野鸭水面游，洗洗扑腾翻跟头。蓝花白花玉兰花儿开呀，嗯呀哦吱呻，呻呀，呻儿，多风流。我的情妹妹，嗯呀哟，呀得儿喂。

一场好戏，还没看过瘾，就这样匆匆地结束了。这时候的日头毒了起来，天空蓝得像女人的头巾，高远处，白絮一般的云，一朵一朵地飘着，又把影子倒映在身旁的沟渠里，美轮美奂。

蓄前积后，择吉日插秧。为了预祝秋季水稻丰收。乡亲们还要焚香点烛，放鞭炮，祭土地神，之后再全家聚餐，饮开秧酒。吃过饭后，由德高望重的长者或一家之长到水田中插上第一棵秧苗，晚辈跟在身后边唱插秧歌，边继续插秧，还有年轻人泼酒水，如同泼水节的寓意一样，被泼得最多的表示最吉利。

人生能尽兴处便尽兴，不能尽兴则留此余兴。

很多仪式中，哈尼人总会有独属于自己的一方特色，好似留给自己能尽一瓢之饮，看尽世界大同的意境一样。这样的意境从他们把米饭染成彩色的这种有些文艺的做法便可看出。一碗普通的米饭，在这里被用天然植物的颜色染成颜色鲜艳的吃食，再配以鸭蛋、鸡蛋和肉，虔诚地贡献给梯田，随后家家户户再把这样的成品拿到村子的森林中，祈求神灵保佑。

时光更替，季节慢慢地流转到开始耕种的季节了，布谷鸟的叫声和祭司的祈祷声充斥在这个神秘的山原地带。这里的故事像一张写满历史的名片，这里的人们，借着这自然的"钟声"，要开始劳作了。

妇女背着孩子走在山间，她们穿着与藏族服饰有很多相似之处的长袍——各种重色、深色的大地色来衬托装饰图案和银质的饰品。衣袍多以白、褐色为主，抑或是鲜明、行母的重色，给人以明快的感觉，突出了哈尼人开朗、豪放的民族性格。发饰让人走不了三步就忍不住回头再去看，缠绕着鲜红和翠绿、粉红和天蓝对比色的丝绒毛线，浓郁的地方色彩呼之欲出。这种特有的民族服饰明白地告诉着来到这里的陌生人：这里是一个充满着地域文化的地方，有我们独有的生活方式。

听，妇女对背上的孩子说："孩子，布谷鸟叫了，要栽秧了！"

不知道背上的孩子能不能听懂。不过在这里祖祖辈辈生长、生存的人们，骨子里、血液中都存有与自然对话的天赋。终有一天，他们会像自己的祖辈一样，对大自然所给予的提示心有灵犀。

梦想以什么单位计量

当代著名学者赵鑫珊说："人是追梦的动物。只有城市才能为人营造出一个个五光十色的梦。城市是文明人做好梦的最佳去处，所以农村人口才涌向城市。因为农村生活单调，没有刺激，没有生命的燃烧，不是做梦的最好地方。城市是人类文明最高形式的载体，文明创造城市，城市也创造了文明。"

阿三，这位二十来岁的小伙子和他的祖辈一样，每一年都要经历这样的一次耕种。他的主要工作是把前一年梯田旁边长出来的草用镰刀等工具除掉。然而，已经建立起自己独立的人生观和价值观的阿三，已经开始耐不住这样的寂寞岁月，他有自己的想法。

"阿爸，我不想种田了！"

这样的声音一出，让正在一同除草的阿爸停下了手中的动作，茫然地看向阿三。阿爸家里有三个孩子，大儿子和女儿已经离开山寨进城谋生去了，此刻，家中最小的儿子阿三也提出了要到城里谋生的想法。

"不想种田，那你想做什么？"

"我想进城打工，不想种田。"

"你想进城打工，那田地怎么办？靠我一个人？再说，不种田地哪儿来的粮食？没有粮食，人就要饿死。我们世世代代，种了几辈子梯田，不能说走就走。要走也要等到秋收以后再走。"

阿爸显然没能认同阿三打算进城打工的想法。迫于无奈，阿三只能暂时继续这样的生活，每天在一层又一层的梯田之上重复地挥动着镰刀，仿佛每一寸杂草都是他内心的一种欲望，他希望通过手中的镰刀把它们一把一把地斩断……

对于阿爸而言，他自有他所悟出的生活哲理。老人明白，生活方式有很多种，但越简单越幸福。记得《小窗幽记》中有一句话："一勺水，便具四海水味，世法不必尝尽。千江月，总有一轮月光，心珠宜当独朗。"没必要折腾，没必要繁琐，没必要沉溺而不能自拔。人的一生只要满足自身的需要就可以了，而"超过自己需要的东西"就是生命的负担，既然生不带来，死不带去，只有简单，才能让生命没有遗憾。

所以阿爸每日还像以往一样嘱咐着儿子：

阿三，你今天要去铲埂草，谷子黄了，要割谷子了。
要吃饭不种田不行，不能这样懒懒散散的。

面对儿子想要打工的想法，阿妈也很担忧："阿三万一决意要出去打工，怎么办？不能留你一个人在这里做农活呀？"

阿爸有点气气地回应说："我去过很多地方，见过很多世面，还是我们这里好，我们祖祖辈辈都在这里，阿三在这里种田很好，在家里好好干，祖先给我们留下这么多梯田，守住梯田就可以过日子，出去外面没出息。"

"他哥哥姐姐都出去了，不让他出去，他会有想法。"阿妈有些犹豫，有些为难。

"正因为他哥哥姐姐走了，所以他才要留下来干活，他要是走了，梯田就荒废了。我们吃什么？实在不行，就等收了谷子再走。"

其实，阿爸心里也明白，儿子要离开山寨的要求并不过分，毕竟村里很多的年轻人都外出打工去了。但当阿三提出要离开的时候，阿爸曾经一个人来到山上，手弹木琴，眉头紧皱，现实与理想的落差让这位一辈子依靠梯田为生的老者，对当下年轻人的想法有着既不解又有些期待的复杂心情。随着这些年气候的变化，整个山村的梯田也出现了前所未有的变化。人口的增加，更加大了梯田保有量的负担，即使在栽秧和秋收农忙季节也无需太多劳力，可耕种的土地有限，使大批闲置的劳动力外出谋生成为必然。基于此，阿爸留住儿子的举动也以失败告终。

不过阿三的父亲依旧没有放弃对他的劝说："阿三，谷子熟了，可以收割了。我们都老了，没有你们年轻人，我们没有能力收割，这几年，村子里的年轻人都走光了，不种田就没有粮食吃。你不要一天到晚老想着到外面去，要想想田里的庄稼。"虽然父母都期望自己的儿女能够过上幸福的生活，但现实的生存压力让他们难以打破现状。

"丰收了！丰收了！没有病，没有虫！"阿爸一边把割下来的麦子成捆绑住然后摔在地上，一边大声地喊出吉祥话。面对这片收获的土地，阿爸心中悲喜交加——离小儿子阿三出发进城的日期越来越近了!

　　身为父母的阿爸和阿妈内心都有无限的留恋,也充满着无限的失落。毕竟,孩子从一出生,就在这片祖先经过迁徙而停留足迹之地一路跟着父母走过快乐、悲伤,而这片梯田中也聚集了所有祖先的智慧。阿爸遗憾的是,梯田栽种的经验和技术在他这里并没有得到传承,愧疚之感、无奈之情,始终哽咽在喉,那些无以名状之情镌刻在阿爸的每一条皱纹中。

　　记得丰子恺在《给我的孩子们》一文的开端处写道:"我的孩子们!我憧憬与你们的生活,每天不止一次!我想委屈地说出来,是你们自己晓得。可惜到你们懂得我的话的意思的时候,你们将不复是可以使我憧憬的人了。这是何等可悲哀的事啊!"

　　"阿三,你要走了,妈妈舍不得你!到了外面,要经常打电话回来。要注意身体,遇到困难要和我们说,干不下去就回家来。无论走到哪里,都不要忘记家里。爸爸妈妈都老了,你要记得我们。"阿妈说着说着,眼泪已经在眼眶里打转,最后忍不住抽泣起来。

　　此时的阿三静静地听着阿妈的嘱托,还时不时摆弄一下妈妈胸前的银饰,这样的举动,让阿三恍惚回到了小时候。不过此刻,站在大门口,手提行李的阿三已经成长为决定要踏出这片大山,走到城里去找寻梦想的小伙子。临走前,妈妈交给阿三两个核桃,她用大手握住了阿三的两只手,给予他离家前最后的一点温暖,亦希望能够保佑他平安归来。

　　进城谋生，如今看来不仅仅是一种生活的选择，更表现出乡村的年轻人对于未来生活以及外面大千世界的热情和向往。无论外出谋生为他们带来的是怎样的改变，他们只希望能尽可能多的与外面的世界接轨。

　　正是这种城市的"味道"和"感触"，才让在云南乡村里长大的阿三，在城市中拥有了属于自己的一片天地——做起了他最喜欢的摄影工作，而拍摄的对象就是那些新婚夫妻。现在，他所走的生活之路，与家中的长辈有着天壤之别。"我这一生的梦想就是做一个国际知名的摄影师，拍自己想拍的东西。也很想爸爸妈妈，但有时候没钱了，不好意思打扰他们，不好意思面对他们，或者是给他们打电话，所以只能在心里面想。"

　　这样的生活，在阿三看来，是他的理想，也是他为之付出努力的动力所在。

　　一个人的少年时期，因为无从得知未来，所以对人生是充满仰视的。就像小时候，我们仰视满天星斗的夜空，心中满是好奇、满是困惑，不知道这浩瀚的宇宙是如何形成又有哪些神奇未知的事物存在。而当一个人进入到青壮年的时期，他有机会投身社会实现梦想和自身价值，这时候，对于人生的态度则更多的是一种平视的状态；中年以后，随着人生的阅历、经验、感悟的积累，由内而外散发的便是一种俯视人生的状态。

　　此时正处于青壮年的阿三，他的心态并不是单纯的希望投身梦想的幸福中，而是在内心有着似少年时期对于未知的仰望。也许，这是那些从大山中走出的孩子们所具有的相同特质——这些特质如同烙印成为他们的符号——一种带着些淳朴而简单的气质，给社会增添了清新的气息，同时也使这些孩子内心愈发丰富，不断成长。当然，未来的生活将让他们领悟到前所未有的内心的悸动，但相信快乐在他们的心中从未停止过，就像第二年的春天，哈尼族又将迎来新一轮的期盼，梯田又将被一遍又一遍地耕作，一遍又一遍地仔细翻过。很快，那些带着疼痛破土而出的种子，又将成长为一片繁茂的绿色生命。

对梯田的表白

当梯田里的秧苗发青的时候，哈尼人要举行一个献给土地的节日——苦扎扎节。苦扎扎节，也叫六月年，在每年农历的六月中旬举行，是哈尼族人民盛大的传统节日，就像汉族过春节一样热闹隆重。这时，人们会穿上五彩缤纷的节日盛装，成群结队地相聚到磨秋场，戏耍、娱乐。

"苦扎扎"的这个节日里，村村寨寨打秋千，此外，还兴串寨、跳鼓舞。节日大致进行三到五天，从每年农历五月的第一个申猴日开始。这时候人们栽完秧，农活还比较少，闲暇时间比较多。边庆祝时，边可期待着秧苗在田里由黄变绿，迎接薅秧季节的到来，预祝秧苗茁壮成长。秧苗长出粒大穗长的稻谷，像最初祭祀时候的样子一般——家家户户过上丰衣足食的好日子。

"苦扎扎"节日的主要活动是打秋千。这里的秋千与孩子们在城里玩耍的秋千绝不相同。制作秋千放在节日的第一天，这时候各村各寨要上山挑选一棵粗直的松树做磨秋杆。秋杆有严格的规定尺寸，因为无法严苛到精寸的地步，所以每年规定它们的长短相差不能超过 3 到 5 寸。据说秋木这样的树种黑夜里砍最好，并在第二天清晨扛回村能落个好兆头。

小伙子们一路唱着山歌，在好时辰时把用坚硬结实的木头做成的秋杆抬到寨边的秋场。下午，穿着绚丽服装的哈尼人都聚到了磨秋场，每一个洋溢喜悦的面孔下都拎着家家杀来的两只鸡、一只鸭，为了献给这棵秋木，然后立磨秋、竖转秋、架甩秋，并在秋场一侧略高于地面的土坎上安放牛皮鼓。

磨秋是第二道工序，先把坚硬的栗木栽在地面，然后顶端削尖作为轴心，再把数丈长的松木横杆的中间段凿到凹架上固定。打磨秋时，横杆两端骑坐或爬上体重相当的人，轮流用脚蹬地使磨秋起落旋转。

作为哈尼人充满情趣的一项体育活动，打磨秋要求磨秋两边的人数对等，骑坐的人用脚蹬地面，时而飞速旋转，时而升降起伏，反复转动，悠悠荡荡。按照哈尼人尊老敬长的传统习惯，先由几个德高望重的老者"开秋"，他们象征性地甩几圈以后，一对对、一双双的小伙子们、姑娘们便开始轮流上阵。甩秋人的速度越来越快，围观的人群不时发出"哦嗬嗬，哦嗬嗬"的呼喊声，为在秋千上的人儿加油助兴，而那些艺高胆大，身手不凡的小伙子，往往会成为姑娘们爱慕的对象。

因为贪看打磨秋而舍不得行进到转秋，很有可能是因为转秋的复杂性。转秋，首先要在相对距离三四米处各栽一棵长四米左右的粗壮栗木，然后在树的顶端凿出滑槽，用一根木头为横杆搭入滑槽，横杆中间串上约两米左右的 X 形的四根木头，每个 X 形木头的顶端再系上一根缆绳，每端可坐一人或二人，整个转秋可以坐上四个人或八个人。坐在上面的人面向外，脚落地的人一蹬地就反转起来。

玩够了转秋，最后就是最"合作"的甩秋了。甩秋就是汉族常打的秋千，将两股棕绳的一头系在大树横出的粗壮树枝上，下端约距地面 70 厘米处的绳两端拴一块小木板，人站在踏板上，两手抓住棕绳，一蹲一站，甩秋就荡起来了。

结束了吗？还没有。

祭祀这一天，寨门墙上都会挂满竹筒，竹筒里插有松枝、秧苗、花椒枝，祀求稻谷饱满。天黑前，竹筒被取回家时，祭磨秋仪式开始了。这时，磨秋的一头扎上火把，旁边的人端着摆满饭菜的竹簸箕。主持人把一杯杯酒洒在磨秋上，在此预祝五谷丰登，人畜康泰，然后把磨秋转三转，使点燃火把的那头三次高高地转向东方，迎接天神的降临，来到此地保护哈尼人的庄稼。

喜欢玩乐的哈尼人在打过秋千之后，还有串寨的游戏节目。串寨时小伙子们有的穿上了女装，有的用锅底灰把脸画得花里胡哨的，有的戴上假面具，有的穿上了扯成一条条布片的裤子，还有的腰上挂着响铃，总之你想怎么打扮就怎么打扮。千姿百态的哈尼族小伙子，被踏着鼓点跳起舞蹈的姑娘们迎接着。小伙子们接过姑娘手上的花毛巾，请姑娘们让到一边，耸肩歪颈，扭动腰身，手足并用，跳起了诙谐的鼓舞。一时之间，有人跳鼓舞，有人打秋，人人精神焕发，尽情欢乐，满场都是欢笑声……

哈尼语"美首扎勒特"或"米索扎"也是哈尼族十月的主要节日。时间从夏历十月第一个属龙日开始，直到属猴日结束，历时五六天，是哈尼族一年中最长、内容最丰富的节日。哈尼族以十月为岁首，所以每年农历十月的第一个属龙日要过"十月年"。节日期间，各家各户杀猪杀鸡、舂糯米粑等，祭祀天地和祖先。

这一天，所有的哈尼山寨都被打扫得干干净净。男女老少穿上崭新的衣服，姑娘们的头上、新衣上缀满了闪闪发光的银泡、银链、银牌，走起路来丁当作响，好听亦好看。为了迎接这个大日子，头天拂晓时，家家妇女就开始忙着舂粑粑，做团籽面，寨子上空响彻了"扑通、扑通"的舂碓声。男人们也不闲着，杀猪宰牛，烹制各种美味食品。

按传统规矩，十月年节的每天早晚吃饭前，家家都要用小簸箕抬着一盅酒和三个团籽送到村口倒掉，以此来祭献祖宗。随即送一些食物到同宗辈数最大的人家去，表示不忘血缘祖根。每年的这个时候，出嫁的姑娘都回到娘家来一起享受节日的欢庆，外甥要向舅舅讨压岁钱，娘家好酒好肉款待着，还要送些粑粑和煮熟的鸭蛋给出嫁的姑娘。哈尼族素来好客，所以过年的时候还要请上附近的乡民们到家里做客。即使是过路的陌生人也要热情款待。吃过了还要准备些粑粑和腊肉让客人带走。

吃过餐食，欢庆的人们在晚上还在草坪上燃起熊熊篝火围火而坐，此时老人们唱起民歌《哈巴卡》《根古调》，小伙子们敲响铛锣大鼓，姑娘们跳着欢乐的"扭股舞"，通宵达旦——

今年是兔年，

今天是属猪的日子，

我们向森林赎罪，

盼望年年有个好收成，

人人有个好身体，

来了，所有的生灵一起来！

劳动人民用朴素的审美情趣和对美好生活的追求来庆祝内心的欢愉，这让人想起诗人范成大的《照田蚕行》。照田蚕是流行于江南一带的汉族祈年习俗，与哈尼族的祭祀节日有着某种异曲同工之妙。腊月二十五这一天将绑缚火炬的长竿立在田野中，用火焰来占卜新年，火焰旺则预兆来年丰收。诗序说：

乡村腊月二十五，长竿然炬照南亩。

近似云开森列星，远如风起飘流萤。

今春雨雹茧丝少，秋日雷鸣稻堆小；

侬家今夜火最明，的知新岁田蚕好。

夜阑风焰西复东，此占最吉余难同。

不惟桑贱谷芃芃，仍更麻无节菜无虫。

　　心有所想，就会有相应的景致呈现。无论是在古时候的照田蚕行还是哈尼山上的人们打秋千、串寨、跳鼓舞、祭祀，每个人的心中都有一个幸福的样子，哈尼人的幸福来自梯田，来自脚下的沃土和头顶上的蓝天。可贵的是，他们懂得顺应自然，珍惜和保存有价值的东西，收获着当下，也远眺着充满希望的未来。

一世只怀一种愁

在历史的长河中，石屏高跷历经了无数次历史的冲刷，但石屏人对于中原文化的坚守，丝毫没有改变，以至于在这里还能看见它的遗风。

苏轼的《攓云篇》的诗序很有意境："云气自山中来，以手拨开，笼收其中，归家云盈笼，开而放之，作攓云篇。"这样可叹可感的美感，有情有趣的景致在团山村就可一见。

团山村处于建水城西十三公里的西庄坝子边沿的泸江河南岸，村口靠山而面向高速公路，高速公路距离团山村只有五百米的路程，一辆辆汽车从团山村旁飞驰而过。但回过头来，便能看见高高的水草以及草中伫立的白鹭，它们的存在向人们展示着这片土地不为外界尘嚣所侵扰的静谧。

九十四岁的张奶奶每天都坐在路边的台阶上认真地看着高速公路上来往穿梭的汽车，仿佛看着这些匆匆而过的车与人，就能让那些逝去的岁月再次回放在眼前一样。

张奶奶说："那时候那里是旱地。"说着说着，眼光飘向远处。

"小脚不会下田吧？"

"会，割谷子、挑谷子，什么都会干，什么都要去干。我们家的小儿子，读清华大学六年了，那时候供他上学，没有钱，非常困难。当时大儿子在外面工作，供半年，大女儿再供半年。"

"我们是苦出来的一代。我们来这里做媳妇很苦的，过去的日子，我们的小孩已经很大了，门外我们都走不出去，卖菜也哪里都不会去，只会去山上、地里劳动。街子上不好意思去，街上什么都有，凉米线也有，菜也有，我们这一代就是这样苦出来的。那时候这一片都是干田。"

说故事的人，其实只不过想说一段轻松的往事，听的人却可以慢慢地领悟这些老者言语中的内容。这里是云南的石屏。山区面积占总面积的94.6%，是一个"九分山有余，一分坝不足"的山区农业县。

太阳从两山之间缓缓升起，红色的光晕笼罩着还在沉睡的村庄。这样的景致对于北半球的农业和农民来说，犹如立春节气到来了一样，是新的一年的开始。在这里，每个人都能够嗅到空气中飘荡的新鲜气息，于是石屏人的一天从每一个清晨就开始了。

美丽的石屏县像一位拥有丰富情感的老者一般，满是情怀。它位于云南省的南部，是有名的"杨梅之乡"。50%的人口都是少数民族，人们平时最热衷跳烟盒舞，因此"花腰歌舞之乡"的称谓非他们所有。云南文化名人袁嘉谷便诞生于此地。

像袁嘉公这样成为状元也许只是少数人的福分，但踩高跷是每一个石屏县小老百姓都能拥有的享受。踩高跷的时节总是能看到桃花拥挤在枝头，竞相吐露出粉色的芬芳，而所有的树木花草也全都铆足了劲，将从根部吸取的水分和养料，源源不断地送到枝头。此时的滇南，正值初春里，石屏已经开始筹划一场当地人热衷且古老的活动——高跷迎春会。

早在七百年前，石屏就是一个汉族、彝族杂居的山区。那时石屏人的祖先就从中原带来了杂耍和社火。这是一种娱神的活动，人们认为，只有神高兴了，人才能平安。

文化是流动的，尤其随着时代的浪潮，地域的变迁导致移民潮，人口不断更新换代，石屏也是一样。从中国历史上看，元明清时代就曾经出现过从中原向边地的大批移民，这些祖上被发配到边疆的移民后代，对中原充满了向往和怀念。正如方国瑜先生所说的一样：元代汉人主要住在城市，明代主要住在坝区，清代则山险荒僻之处多有汉人居住，且在边境莫不有汉人踪迹。

再说到文化，唐朝时期，不论是对边地民族还是对异国之人，基本都能以开放、包容的精神一视同仁。唐太宗曾颇为自许地说："自古皆贵中华、贱夷狄，朕独爱之如一，故其种落皆依朕如父母。"这与其说是唐朝皇帝思想境界高，还不如说是北方文化传统赋予了他这样的心态。心态的开放决定着唐王朝一视同仁的民族政策，也形成了一种波澜壮阔的历史文化背景，比如：在东南亚前所未有的以强大的唐朝为中心的部落大联合，当时就是以日益高涨的学习文化运动，使得边地的民族纷纷效仿唐朝制度，建立起自己的政治体系，并热情地学习中原文化。中原作为石屏发源之地，传承至今，踩高跷这门技艺也练就了石屏人处事不惊的心态和健康的体魄。

《列子·说符》篇中记载："宋有兰子者，以枝干宋元。宋元台而使见其枝。以双枝长倍其身，属其胫，并趋并驰，并七剑跌而跃之，五剑常在空中，元君大惊，立赐金帛。"踩高跷据传有五百多年的历史，甚至还有民间传说，高跷这种形式，原本是古代人为了采集树上的野果为食而出现的。

传说有时候会帮助人们揣摩或推测历史的演变，其间夹杂着人们的生活情趣，当然，它象征着浪漫、幻想以及对未来的期许。比如对于高跷有这样一种说法，说高跷是民间社火艺人们创造的。相传有一年元宵节，各村艺人联合起来要到县城闹红火。知县老爷知道后，便想借闹红火诈一笔横财，并下令将四门吊桥吊起，凡入城者都要交过桥费，否则不准入城。这时，城外的社火头知道后十分生气，但暂时也无可奈何，于是便凑足银两准备进城。谁知道这个时候县太爷又将进城过桥的钱提高了。可偏偏社火头的儿子聪明多谋，又胆大心细。回家后看见墙上挂的长腿白鹤图受到了启发，便连夜赶制木棍，在木棍上装上脚踏板，将木棍绑在自己腿上，脚绑在踏板上，趁夜沿城演习了一圈越过了护城河。正月十五日那天，城外的社火队都依样绑上高腿，排成队越过护城河，进了城并闹了红火。此事气坏了县太爷。有人说这就是高跷的原型。

还有一种传说，高跷是御敌取胜的高将军所创。有一年，高将军率兵攻打胡兵城池，而胡兵把护城河上的吊桥板全拆了，部队无法攻进城里。一天傍晚，高将军走出军营，突然看到正在河边觅食的大雁的长腿，受到了启发，找到破城的妙计。回营后将军叫人砍来柳木棍制成高跷，令将士们绑在腿上练习走路。经过练习，将士们都能踩着高高的柳木棍行走。将军率军渡过护城河，乘胡兵不备，一举攻城收复了城池。此后每逢春节，老百姓也学着踩起了柳木棍。因这玩意儿是高将军发明的，人们便把它叫"高跷"，以此来纪念高将军。

以上有关高跷的源头，有的以史料记载，有的是民间传说，这项古老的民间文艺形式，它的根究竟在何处？至今仍待探究。

从传说的世界穿越回云南的石屏县城，这里正在举行每年农历正月初一到十六的高跷迎春会。石屏的高跷迎春会是当地春天里最重要的活动。一年又一年，诸葛亮、刘备、关羽、张飞、岳飞的故事，在他们心里扎下了根。扮演这些角色的高跷演员，平时在村子里并不多见，他们常年外出打工，从老人们欣喜的眼光中就能感到，那些只有过年才回家的年轻人，给小镇带来的人气。

高跷上的男人，无疑是最有成就感的。因为高跷装扮了石屏人漫长的历史，也陶冶了石屏人的情感。令人难以置信的是这样的活动在这里已经持续了上百年，并且从来没有间断过。听着鞭炮声声，这个把高跷看成祖先最大的恩赐的民族——他们扮演着不同的角色——开始了狂欢。村里一般会选出一个最受欢迎的男人，作为人们最崇拜的英雄的扮演者，奖励的方式便是选一个最高的高跷让他踩，因为在他们的习俗里，高跷越高代表这个角色越善良。

张宝生的孙子张玉良从四岁起就参加迎春会活动了。今年他九岁了。因为这次高跷，其他成年的男人已经和自己的妻子隔离七天之久，大家聚在村子的公房里吃集体伙食。早饭过后张玉良来到村子里的公房化妆。这些小伙子们扮演的是中国历史上的民族英雄，在这次的表演中，张玉良被打扮成了宫女。因为习俗里，女人是不能参与这样的活动的，所以，男扮女装成为了高跷会上的亮点之一。

张玉良表演的故事是刘备过江招亲，故事出自《三国演义》。这是一出传统的高跷戏——三国时代的刘备借东吴的荆州后，没有归还之意，周瑜便定下了美人计，企图乘刘备过江之机，把刘备扣留起来作为人质，以夺取荆州。其中的人物有诸葛亮、刘备、关羽、张飞……

张宝生说："踩高跷是中原地区兴起的，后来就传到了我们这里，已经有上百年的历史了，它的传承，有一部分是父传子，更多的是耳濡目染，小孩们从四五岁就开始练习，练到十五六岁就开始出场。"

你今年几岁？

十七岁。

踩高跷几年了？

七年了。我从二○○七年就开始练习，二○○八年开始正式踩高跷，我扮演的是孙尚香。

踩高跷好玩吗？

好玩。

明年还踩高跷吗？

踩。每年都有迎春会，我们每一个人都是放下锄头就可以耍，不用什么培训。

你踩的高跷有几尺？

七尺。

去年踩多高？

去年也是七尺。

连续踩几年了？

五年，从四岁就开始踩了。正式大的场面没有去参加过。

"他四岁的时候踩的高跷就只有那么一小点"。张宝生拿出孙子四岁时和小朋友一起踩的高跷。

"好好地把高跷踩好，小孩子年轻好学，练好以后到城市里去表演，把山里的好传统表演给城里人看。"张宝生语重心长地对孙子说道，但究竟踩多高，两人发生了争执：

七尺的那一对不要踩了，太危险。

不行，我就要踩高的那一对！

不行，这一对有七八尺高。重新去选一对。我知道你们年轻人不怕，希望越高越好，但我们还指望你们这些小辈把这几百年的文化传承下去呢。所以安全第一。

在这里，与踩高跷一样具有传统庆典味道的，非舞龙莫属了。龙向来是华夏民族世世代代所崇拜的图腾。在古代，中国人就把龙看成能行云布雨、消灾降福的神奇之物。而今，舞龙已经成为在节庆、贺喜、祝福、驱邪、祭神和庙会中用来表现吉祥的表演习俗。

在舞龙运动中，需要舞龙者在龙珠的引导下，手持龙具，随鼓乐伴奏，通过人体的运动和姿势的变化完成龙的游、穿、腾、跃、翻、滚、戏、缠、组图造型等动作和套路。当地的一位舞龙者说："我们每一个人都是放下锄头，不需要什么培训，抬起龙把子就可以耍龙。"

周文王的《易经》、老子的《道德经》、张仲景的《伤寒杂病论》、张衡的浑天仪都曾烙下中原文化的印记，不同时代产生的岁时节日礼仪对于民众生活也有着非凡的意义。在岁时礼俗中，人们遵循着自然的时序，并且通过岁时礼仪活动调整人与自然的关系。另外，周期性的岁时礼俗是对宗族社会关系的反复确认，也形成了宗法伦理观念与情感的不断强化。

在鞭炮和锣鼓声中，参演人员沿村寨巷道一路表演前行，表演队伍所经之地，鞭炮声、锣鼓声、掌声响彻山寨，山寨之人喜气洋洋，燃放鞭炮，开门迎春。在渐渐停息的锣鼓和鞭炮声中，"迎春会"谢幕了，好客的山寨之人热情邀请来宾到家中做客，斟满酒，在祝福声中，共同祈盼来年风调雨顺，生活蒸蒸日上。在历史的长河中，石屏高跷经历了无数次历史的冲刷，但石屏人对于中原文化的坚守，丝毫没有改变，以至于在这里还能看见它的遗风。

踩高跷是石屏人的传统习俗，每年都会举办。它代表风调雨顺、五谷丰登、财源广进、平安和谐。高跷越高表示日子越红火。

与世无争的临安府

团山村张氏子孙，一年一度，祭祀祖宗，世世代代永记祖训。莫言人短，莫道己长。施恩不讲，受恩不忘。弘扬百忍家风。

"**团**山村张氏子孙，一年一度，祭祀祖宗，世世代代永记祖训。莫言人短，莫道己长。施恩不讲，受恩不忘。弘扬百忍家风。"这个声音来自滇南建水县团山村中一片鸟语花香的瓦房中。

此时正值农历正月二十，团山村正如约举办着一年一度盛大的祭祖活动。全村的老小都来到祭祖现场，用他们传统的方式舞龙、舞狮，再配以载歌载舞，跪地行礼的方式表达着对祖先的虔诚。

建水位于云南南部，红河中游北岸，滇东高原的南缘，隶属于红河哈尼族彝族自治州，是国家级"历史文化名城"和"重点风景名胜区"。在这里峡谷林立、盆地密布、群山巍峨。因为北回归线横穿建水南部而过，所以这里的地貌呈现出长年无霜，光照充足的景致。

据说，元灭宋之后，大批的宋朝遗老被遣送到杭州暂时安身。随着元朝的遗老向西南地区的不断扩充，这些宋朝遗老又被遣送到了滇南一个被称为惠历的地方。"惠历"在土著的彝族语中是大海的意思，含有寄托对家乡人的思念之情。遗老们把惠历称为临安，之后便有了建水县临安镇这个地名的来源。

团山村在建水县境内的面积不大，但景致容易让人乱了感觉，仿佛来到了某个南方属地。春天来临的时候，村子背靠的山和面临的坝子都绿意融融，繁锦之色呼之欲出；到了盛夏，这里草长莺飞，垂柳拂面，更是把古城的厚重与沧桑韵致衬托得与众不同。除此之外，在这个静悄悄的小村子里还隐藏着一个颇具规模、历经六百年风雨仍保存完好的汉族民居，这在少数民族边远地区并不多见。斑驳的石路与白瓦建筑交相呼应，让这里的人们仿若穿梭在古朴与繁华相交映的城市中，既不会拘泥于表面形式，又在文化的底蕴上有所保留。

如此的美景让今天建水县下所属的临安镇和团山村（又叫西庄镇，并列于临安镇）被省人民政府分别列入全省首批保护提升型旅游小镇和开发建设型的旅游小镇。因为建水各民族在长久的生活生产中相处的和睦有佳，逐渐形成了汉文化与彝、回、哈尼、傣、苗等少数民族文化相互交融而又不乏多元的边地文化形态，也让建水县拥有了"滇南邹鲁""文献名邦"的美称。

这大概是中国宗族精神表现的最鲜明的地方了——不仅仅是文化习俗——无论在当地居住了多少代，总被人问及祖上从何而来。在团山村中的姓氏里基本以张姓为主，全村有二百四十户人家，共八百七十七人，其中张姓就有一百七十八户六百多人。听说早年团山村并不存在，而是直到明洪武年间，江西鄱阳县一位名叫张福的商人，把生意做到了临安（如今的建水县）。他看中了县城外土地的肥沃、风俗的醇美，于是决定在此安家，繁衍子孙，之后成为了当地的巨族。

一方水土养一方人

张立永就是这座建水县城里众多的文化人之一,从青年时代他就开始在这里教书。建水一中就是张老先生所在的学校。作为此次祭祖活动的负责人和组织者,他的脑海中始终铭记着传承祖先遗训的使命。

"我们的始祖在明朝洪武年间由江西过来,来到这里以后,经过了几次家故变迁。开始的时候,住在建水县城门外郎头坡,后来又随着庐江河上游走上来,住在张宝石寨。经过多番折腾,最终决定住在这里。直到现在云南大理那边(建水位于云南南部),还有我们张氏的子孙,据说现在都变成白族了。"

张家在明朝时期从江西迁徙到云南建水,到今天已经是第十七代了。他们的家训"百忍传家"也走过了十七个春秋,如今已经成为一个大家族的传世家训。祭祖的人群已经达到七百人。也许是商人张福的到来给当地居民带来了新的观念,使得当地的老百姓纷纷走出家门,所以才形成了在外为官、经商、开矿这样自食其力的营生方式,并依靠不断地创业实现着家庭的财富积累。在这里他们修筑起一个个看起来殷实富裕的大宅院,偌大的院子看起来就像一个个与世无争的小城池,如今踱步在这些大宅院中,依旧可以想见当年人们生活的怡然自得。

但无论是一个城市的变迁还是某一个体的成长,都需合适的生长环境。据张立永老人说:"团山这个地方过去缺水,而且人口多土地少,所以很多张姓人家的子孙，只能选择到外面去发展。走了一部分人以后，留在团山的人依旧觉得人多地少。但是到了清朝中期，大清帝国已是风雨飘摇，团山就从外面来了很多人，他们都到个旧市开矿去。当时的个旧在西南边陲，属于贲古县，随着中原文化的渗透，锡、银、铅采冶业逐渐兴起，锡矿业方兴未艾。到了东汉时已经形成较大规模的分工协作。所以很多人慕名而来，到个旧去谋生意去。"

　　老人口中的个旧市以产锡著名，开采锡矿的历史就有二千多年。有史料记载，清朝康熙年后，锡业在当时极为兴盛。光绪十一年也就是一八八五年，当地首先就设立了一个个旧厅，也就是建立了衙署，专管矿产业务，于是个旧大锡开始大批量出口。到了一八九七年，云南省第一个邮政代办所在个旧成功设立。一九三三年，云南无线电台在锡务公司设立个旧分台，为的就是方便沟通了个旧锡业、锡业生产与纽约、伦敦等地国际锡市场的通信联络。次年，个旧矿业资本家又集资兴办了全省第一家私营电话企业——个旧矿区电话所，架通了各大矿山企业电话电路。这在当时很多地方是闻所未闻见所未见的场景。直到光绪三十一年也就是一九〇五年，设立了个旧厂官商公司，使用进口机器设备和工艺，聘用外国专家开展锡生产作业，算是开了云南冶金工业近代生产之先河。一九一三年，个旧已经被列为云南省一等大县，成为全滇工业重镇，也就是今天的"中国锡都"。

　　如果只想安静过日子，早在几百年前，团村人就会好好地保护着自己，不受外界的思想动摇。但是外出谋生的生活方式已经让这座面积不大的村落发生了脱胎换骨的改变，由此让一直以节俭而居的团山人的生活也有了不同的追求。据另一位村民讲"虽然锡矿是个淘金发财的好地方，但个旧厂能赚到的钱很难说，有时候穷到早上没有米下锅，下午又可以富到买马骑。要发财起来，就要挖一大片矿显摆一下。要是没找到锡矿，你贴进多少去，也不见得能有一点儿收入。"

其实个旧的地下蕴藏着十分丰富的矿产资源，已经被探明的有锡、铜、锌、钨等有色金属，储量高达六百五十万吨，其中锡的保有储量有九十多万吨，占中国锡储量的三分之一。此外还有铍、铋、镓、锗、镉、银、金等稀贵金属，霞石储量约三十亿吨，是全国霞石储量最多的地方。

团山村的人自从在个旧的矿山淘到金后，也开始奢侈起来。村民说："干起矿来，发了财，团山人开始做生意，开起商号来了。听母亲说当时的生活非常好，鸡鸭鱼肉不缺吃，连下水道都被油糊起来了，要开水烫才能疏通，说明当时的生活是这样的生活，在当时是富的很富，有多少财产都说不清楚，连主人都说不清楚。"

"富不过三代"是中国的古训，而张家后来的家道中落也许就是这句古训在现实中的应验。原本商人张福从江西迁徙到建水后，凭借着吃苦耐劳、勤俭节约，家业越来越大直至成为当地的巨族。但这种勤俭节约的美德并没有持续太久。团山人的财富在第二次世界大战之后没落了。"后来因为日本侵略中国，跟中国打起来，个旧厂被日本飞机轰炸，世道就乱起来，同时我家祖辈，我的爷爷是进士老倌，因为香港的商号被先生拐走了，一气之下就急倒了，病死了，从此以后财产也没有了，就剩下这个大房子空荡荡，就这样垮下来了，破产了。从此以后，财产也没了，只剩下这间大房子了。就是这样垮掉的。"

余秋雨先生曾写过一篇《抱愧山西》的文章，文中解读了晋商从昌盛走向衰败的原因——

是时代，是历史，是环境，使这些商业实务上的成功者没有能成为历史意志的觉悟者。一群缺少皈依的强人，一拨精神贫乏的富豪，一批在根本性的大问题上不大能掌握得住的掌柜。他们的出发点和终结点都在农村，他们那在前后左右找到的参照物只有旧式家庭的深宅大院，因此，他们的人生规范中不得不融化进大量中国式的封建色彩。

当他们成功发迹而执掌一大门户时，封建家长制的权威是他们可追摹的唯一范本。于是他们的商业人格不能不自相矛盾乃至自相分裂，有时还会逐步走到自身优势的反面，做出与创业时判若两人的行为。在我看来，这一切，正是山西商人在风光百年后终于困顿、迷乱、内耗、败落的内在原因。

山西著名的大宅门与如今的团山村的没落有着迷一样的相似。山西的祁县、太谷一带，自然条件并不占优势，也没有太多的物产。经商的洪流从这里卷起，重要的原因恰恰在于这一带客观环境欠佳，团山村也是如此。但时间留给团山村人的是城市的古朴风貌以及极具地域特征的优良环境。这让团山村保持住了丰富的民间文化和边地文化，同时在中原文化的影响下，很自然地融入了汉文化的儒家文化特征。也正是因为团山村地处偏僻，却能保留许多早已在中原地区消失的文化类型和人文色彩。

一家人一座城

巴什拉说得好："在我们的记忆之外，我们诞生的家屋，铭刻进了我们身体，成为一组有机的习惯。即使过了二十年，虽然我们踏过无数不知名的阶梯，我们仍然会重新想起'第一道阶梯'所带来的身体反射动作，我们不会被比较高的那个踏阶绊倒。家屋的整个存有，会忠实地向我们自己的存有开放。我们会推开门，用同样的身体姿势慢慢前进，我们能够在黑暗中，走向遥远的阁楼。即使是一道最微不足道的门栓的触感，其实都还保留在我们的手掌上。"

"家"在团山是个有情怀和温度的名词。

团山民居建筑与江南有着异曲同工之妙。比如走在路上，随意就可以见一排建筑一律坐西朝东，屋面为青瓦、白灰粉饰着外墙，青砖作为墙裙，每座房屋都有天井作为核心。房间的大门多在主体建筑的同一侧，通过形状不一的过道，到达主体院落中，里面有一进院、二进院、三进院，平面布局包揽了云南传统民居中的"四合五天井""三坊一照壁""跑马转角楼"的模式。

进到团山村来，所有的建筑都会让你嗅到历史的味道。每一个外来者都希望能走近张家大宅去看看——作为张氏后人张汉庭的私人住宅，在团山可谓相当知名，且可以作为团山民居的代表作。这座房屋始建于清光绪三十一年，整体结构由一组一进院、一组二进院和花园祠堂构成。前院是花厅，院内铺满青石板，有置花台、青石水缸、花木作为装饰；中院为家眷生活起居的主房，后院是长辈生活起居的正房。祠堂也是花园的必备之所。在大门的左边，庭院宽敞，中间还有一洼清水池，应季的荷花盛开在池塘中；向上望去祠堂坐落在十几级台阶的高台之上，庄严而典雅。

这种家庭所散发出来的氛围，让所见之人都能感到一种心平气和、随遇而安之感，家里的主人除了对生活质量有着极高的要求，其对诸事用心的态度、从容的生活状态从窗棂间精致的木雕便可得知。窗棂间精致的木雕采取不同的雕凿方法，有各种花纹：人物形象、动物姿态、植物纹样、几何图形……穿漏与浮雕相结合，面面俱到，整体画面的观感透露出一股威严气息。那份气派，包涵着主人在家业殷实之后对"儒雅"的崇尚。

除了传统的木雕之外，彩绘书画也是装饰建筑的重要部分，诗词楹联遍布庭院板壁，其中一座楼的天花板上，就有一百多幅彩绘书画，足以显示主人家书香世第的文化气息。

很多人都觉得现在在村落中的人们只关注生计，不关心艺术，更不关心画。那是因为那些人没有走进这些深宅大院之中，其实参观团山的建筑就是一个很好的证明，让更多的人发现村落中那些尘封的、渐渐消失的美好。浮雕是张家花园会客厅的主要吸睛点，站在近前，首先映入眼帘的是雕刻精美的六扇屏门。三层镂空，镂工精巧，穿漏与浮雕结合自然，样式有各种吉祥图案和戏文人物，比如喜鹊报春、象呈升平、鹿望金珠、双狮戏球、松鹤延年……雕刻之精美，如今已经不可复制。传言说，张家人当初为了做这六扇门，悬重赏寻了一位外地木匠，酬劳是：一两木屑一两银，二两木屑二两银，三两木屑一两金，这在当时可是绝无仅有。当然寻着的这位木匠绝没有令张家失望，精雕细刻历经十余年才算完工，而这六扇门最后竟成了木匠的生平绝刻。

古宅的门大而阔，门的两边挂立着"大启万年新世界，恪遵百忍旧家声"，"内言不出外言不入，周旋中规折旋中矩"这些诗词楹联，它们所传达的劝善说教之文，字里行间，蕴藏着从容的人生态度。曾经钟鸣鼎食的家族当然不会允许后代子孙碌碌无为地寄生，于是几百年来，张氏家族一直以"百忍"作为家训，从而家风良好，子孙中好学上进的也很多。整个家族还以宽阔的胸襟造福于当地，捐资铺设村街路面，营造寨门，修缮庙宇，开凿大井解决饮源以及建设"民安桥"等等。

继续说这张家的雕花大门，命运并非像其门雕诗词楹联那般美好，就在上个世纪五十年代，独一无二的张家雕花大门被当地政府征用了，而这也一直是张立永老人的心病。

张立永对团山村的孩子们说："那个时候，你们都没有几岁。"

"张老师，那个时候为什么要抬走？"

"政府修东门楼需要就来抬了，当时政府写了一个通知，接着就被征用了。"

所幸，几经周折，门在今天终于被抬了回来。当看到自家的大门被抬回来的时候，张立永老人像抚摸自己失散多年的儿子一样，亲自拿起毛巾打理着，手擦到的地方，精美的雕木就显露出本来的油亮光彩。因为当时所做的门框采用的是上等的木材，所以不多时，被擦拭一新的门框在老人的手里熠熠生辉，而那些雕栏画柱中仿佛也流转着世代的光彩，呈现在一直关注着它的张立永老人和众人的眼前。在张立永看来，先辈留下来的这几样老物件延续的不仅仅是一种时间的记忆，更是一种根基，是张家从内地迁来，并扎根繁衍的见证。正是这些经历时光磨砺的木头，构成了张家迁徙史的强大骨架，如果卖掉或丢掉这些老东西老物件，就等于抽掉了人的脊梁、家的支撑，到那时，不仅仅是张家的家史断了代，只怕是人也立不起来了。

像这样如根基一般伫立在团山的还有朝阳楼，这座酷似天安门的城门始建于明洪武年间，按照当地算出来的建造时间，可能比北京的天安门还要早几十年建成，后来经过明天顺、清乾隆、嘉庆、道光年间的多次修缮才保留至今，供世人观赏。当地人逢人就讲："先有朝阳楼，后有天安门，朝阳楼是天安门的师傅"。不过，建水的城门与北京的九门不同，在建水每个城门都带有城楼的名称，比如建水的东门叫迎晖门，上面的城楼叫朝阳楼；建水的西门叫清远门，上面的城楼叫挹爽楼。

每一个城市的参与者、见证者或者经历者,内心深处都怀有某种以径尺之足去丈量万里莫野和千寻高山的情怀,这可以理解为这方水土滋养着这方人,在他们的心中,深深地理解这座城市所走过的路途,经过的挫折,而今,他们终于可以拥有这些美好和幸福的生活,终于可以释放出对于家乡的自豪感和骄傲感。

能够让建水人津津乐道的还有能够与张家大院相提并论的朱家。朱家大院的兴盛与衰落实际上是张家大院的一个缩影。朱氏家族在明朝末年从湖南移民到云南建水一带开荒种地。相传,到了第八代子女开始弃农经商,倒卖烟土,家业便逐渐兴盛起来,也正是这个时候,朱家花园开始一砖一瓦地建造起来。

朱家第十代子孙中的朱朝瑛是朱氏家族发展中的关键人物,他早年考中光绪年间的副榜进士,因功得到了广东候补道员的官职,而后他弃官回家经商。随着滇越铁路的开通,滇南个旧的锡矿探明,朱朝瑛也加入到开矿办实业的行列中,并联合当地名流主持修建从个旧到碧色寨的个碧铁路,创建联合实业公司,成为当地颇有名望的乡绅。而此时,朱氏家族的产业也在朱朝瑛的手中达到了顶峰,朱家花园也正是在那个时代形成了如今的规模。

听着这些故事走进朱家花园,仿若走进《红楼梦》中的大观园,因为这个大院是当年的朱朝瑛仿大观园建造而成的,包括家宅、宗祠和水上戏台，主体建筑呈现出"纵三横四"的布局，是建水典型的"三间六耳三间厅附后三耳，一大天井附四小天井"并列连排组合式的建筑群。大小天井共四十二个，格局井然有序，院落分别以梅、兰、竹、菊命名，内宅院落展现了居主淡雅的风趣，奢华的厅堂和做工精美的门窗展示了家族鼎盛时代的辉煌，刻在祠堂对面大影壁上的《朱子家训》映衬了家族严谨的治家作风，而"循规蹈矩"和"谨言慎行"的牌匾则书写了家族在清末民初乱世中，外圆内方的处世风格。

如此一心效仿大观园的朱氏家族没想到的是最后遭遇了和贾府一样的凄惨命运。清朝末年，从日本归来的朱朝瑛支持蔡锷参与辛亥革命，被授予中将衔，整个朱氏家族的威望与荣耀在此时达到了顶峰。而后，在1915年袁世凯称帝后的倒袁护国运动中，朱朝瑛却错看了形势，拥袁称帝，最终被蔡锷领导的护国军击败，家产充公。尽管两年后，蒋介石倚重的边陲大员龙云执政云南期间，将朱家花园发还给了朱朝瑛，让这个家族又有了回光返照般的灵光一现，但在随后二十年代的军阀混战中，朱朝瑛叔侄又因勾结匪军、倒卖军械被投入大狱，家人倾尽所有将朱朝瑛赎出，但他的一个侄子还是因此被判了死刑。一年后，朱朝瑛也在一片衰败景象中，抑郁离世，在建水风光一时的朱氏家族就此没落。

在历史的舞台上，多少英雄人物你方唱罢我登场，中原逐鹿如此，滇南争雄亦如此。徜徉在犹如婷婷花园的庭院之中，不去想过往云烟中的是非成败，就在葡萄藤下，缅桂树旁，一起将古今英雄事付予笑谈之中。而古城临安的底蕴，就杂陈在这片青砖黛瓦中和水墨色的清幽小巷之间，这座移民的城池，代表着人们对文化和习俗的传承与领悟，呈现出没有被遮蔽的文明和风景。

儒学美境

临安府是建水的前称，现在叫建水。考进士，考功名，各个省份都要来这里考。因为滇南地区民间苦读诗书、求取功名的风气浓郁，使得这些远离故土的移民知道，无论身处什么时代，只有苦读诗书，通过科举考试才能重返故土，光宗耀祖。而建水县的儒学气质就像西方人眼中的哲学，渗透在团山村的一山一水、一草一木、一屋一瓦，更满溢在建水的儒学圣地建水文庙中。

坐落在建水县城建中路北侧的文庙，始建于元朝至元二十二年，大约公元 1285 年左右。文庙的建筑风格是模仿山东曲阜孔庙的构造——宫殿式风格。远远看来，文庙的整体格局堂皇、气势宏伟。文庙的占地面积 7.6 万平方米，可以称作中国第二大庙宇。

"先师孔子，表字仲尼，韦编三绝，博学知礼。尊师学，敬世尊，兴中华之仁学，传华夏之薪火。"

在学者都在往外走的时代，此刻，众多建水人汇聚于此地，这里正在文庙进行一场盛大的祭祀孔子的活动，这是当地居民每年农历正月都要做的功课。文庙门前有一个很大的广场，孔老夫子坐镇其中，曾经这个地方不单单是祭祀孔子的地方，更是孔子讲学之地。所以每到这个时候，总有诸多高考学子在大成殿面对至圣先师文宣王孔子神位，祈求高考顺利。即使是平时，也有很多建水的学子们来祭拜。因为在当地民间，有正月游孔庙，子孙读书有出息的说法，走进文庙，就是向他们心中的至圣先师顶礼膜拜并祈福的一种方式。

走进文庙之中，抬头看到的架构就可以看出祭孔大典在建水人心中的地位——左右两厢为东庑、西庑，围成一个廊庑式的大庭院，此处为四进院落。主体建筑"先师庙"高居于庭院后部的丹墀之上，屋顶为五光十色的琉璃黄瓦铺盖、流光溢彩。全殿由二十八根巨柱支撑，其中有二十二根为青石大柱，全用整块石料凿磨而成。

祭孔大典庄严地举行了，虽然在中国的古代艺术中，早就把"中和"作为重要的审美原则，但定期举行的祭祀活动，这其中的礼仪也要严格按照中原的传统。比如，如今的祭孔大典在音乐、舞蹈和服饰方面都有了不同以往的改革。比如，重新制作了开城、祭孔音乐，引入了交响乐、合唱乐团的表现形式，并且参照《中国历代孔庙雅乐》的有关文献图谱，对祭孔乐舞进行了重新的编排。演出使用的明代服装和道具由当地专业的服装厂重新设计打造，准确地再现了明代祭孔的规模和盛况。

参与这些祭孔活动的大多是建水的老人们，这些深受文化洗礼的老人们，很快就能融入祭祀活动的氛围中，把自己从世俗的状态脱离出来。眼前的人、眼前的景仿佛把人带入到另一个远古的时空。而这也恰恰反映出他们的思想情感不能超越儒家传统的道德规范，也就是人们常说的"发乎情，止乎礼"。任由情感的自由抒发，这样的古语充满着强大的感染力。面对儒家传统的传承与发扬，建水人有着一种主动承担的使命感。

　　跪，

　　叩首，

　　敬拜先师孔圣人；

　　再叩首，

　　阖家幸福乐无穷；

　　三叩首，

　　悟性开通增智慧；

　　再叩首，

　　春风得意站鳌头，

　　步步登高状元楼。

　　"必丰、必洁、必诚、必敬"，这是祭祀全部的礼仪要求。祭孔活动中最重要的议程就是三献礼：主祭人要先整衣冠、洗手后才能到孔子香案前上香鞠躬，鞠躬作揖时男的要左手在前右手在后，女的要右手在前左手在后。所谓三献，分初献、亚献和终献。伴随着祭孔的钟声鼓乐，来到此处的人总能感觉到某种心绪的交融，将公祭和传统祭祀高度融合，体现规制性和全民参与性。就像孔子赞《九韶》，称三月不闻肉味，斥郑声淫，可能还是因为前者为少数人专享，后者为大众同乐一样。有关文庙的"形而上者为之道，形而下者为之器"则通过其形象展示于世人面前。

　　祭孔大典一般是从每年的九月二十六日持续到十月十日，至今已经延续两千多年了，并且从未中断。不过古时候举办祭孔仪式的场面要比现在更隆重一些。大典期间，在私塾念书和在学堂里学习的学生要放假一到三天，他们选择用全身心投入的方式表示对于孔子的敬重之情。参加祭孔的人员，最初只限于孔氏直系的子孙，如今的祭孔大典少了这个限制，只要有心便可以参与。

　　据说，汉高祖刘邦过鲁，以"太牢"祭祀孔子，可称为当年开历代帝王祭孔之先河。而后汉武帝罢黜百家、独尊儒术，各地便开始纷纷搭建孔庙，直至县县有孔庙的盛况，孔庙逐渐演变成封建朝廷祭祀孔子的礼制庙宇。元、明、清三朝皇帝为孔子举行国家祭奠的主要场所是北京的孔庙。随着历代帝王的褒赠加封，祭典仪式日臻隆重恢弘，礼器、乐器、乐章、舞谱等也多由皇帝钦定颁行。历代帝王或亲临主祭，或遣官代祭，或便道拜谒，总计达上百次。

　　不过也有人说，祭奠先师仪式的历史比孔子还早。早在商周时期就有祭祀先师的释奠礼，那时候还没有孔子，孔子死后，也享受家人、学生和鲁哀公的释奠。

　　荀子《礼论》中说："礼有三本：天地者，上之本也；先祖者，类之本也；君师者，治之本也……故礼，上事天，下事地，尊先祖而隆君师，是礼之三本也。"释奠属于"三礼"中的"君师"之礼。《礼记·文王世子》也有记载："凡学，春，官释奠于其先师，秋冬亦如之。凡始立学者，必释奠于先圣先师"。

深厚的文化底蕴，是建水人手中的一张软实力王牌。浏览此地的历史和踪迹，走进庭院两侧看到了东西明伦堂，这里原来是临安府学和建水县学的所在。庙前立有清乾隆时铸造的铜香炉一座，二米八高的二层宫殿式，四周十多条游龙盘绕在上。丹墀之下，有植于元代的古桧两株和古柏数株。林荫中伏座石雕白象两只，两只象驮着高一米二左右的青铜花瓶。还有大成殿的东西厢房，是祭拜历代先贤先儒的地方，加上大成殿内孔子圣座两侧匹配十二哲人，共计九十四人，原有的牌位还依次供奉在内。

建水这个远离中原王朝的边地，受儒家文化影响的历史可追溯到元代。南宋宝佑元年，也就是一二五三年，蒙古军征服云南，立建水千户；一二八〇年，元为了加强统治，在建水设临安、广西道宣抚司，北方王朝在这里推行文治武功，在不断增加驻军以保持威慑力的同时，也开始创办庙学，推行汉儒文化。一二八五年，复创庙学于建水路。明、清两朝的科举考试中，仅建水就产生过文、武进士一百一十人，文、武举人一千一百七十三人。

由于做出了兴办私学、传承古学、开创儒学三大历史性贡献，孔子成为中华传统文化的集大成者、历史文化巨人。特别是其开创的儒家学说，不仅成为中国历代王朝的思想支柱，对广大平民百姓的思想与生活也产生了极深影响。史料记载，建水县于元代始建庙学，明朝洪武年间建临安府学，万历年间又建建水州儒学，清代先后建立四个书院。长久生活在传统文化氛围里，就像弹奏古琴一样，同一首古曲，不同人生经历的人来弹，不同文化底蕴的人来弹，都能弹出不同的味道来，这就是中国古典文化的魅力吧。

思想体系是一个民族全部物质生活、文化生活的一面镜子。虽然儒教是中华民族土生土长的宗教，道教也是中国土生土长的宗教，但道教没有成为国教，在它极盛的时期，势力还不及佛教，更不能与宋明以后占绝对统治地位的儒教相比。即使如此，深受道教影响的建水在文化思想领域内的发展也很深远。当然，此地依旧盛行听"大师"言论，观祭孔历史，除了发现一个大师的左右逢源之外，也不免窥见儒文化的尴尬地位。"儒教"及祭孔仪式在被人民创造的同时，也被当政者和知识分子打扮，但在进行品味和评价的时候，少一些结论，多一些温情与敬意恐怕是应有的状态。孔子的思想从遥远的洙泗之畔洒撒到滇南边陲后，深深地滋润了这片美丽而神奇的土地，像一盏明灯指引着建水蓬勃发展，使其荣登"滇南邹鲁、文献名邦"的殿堂。而孔子，这位临安学子心目中的至圣先师，在漫长的岁月里，默默地倾听着他们的倾诉，享受着顶礼膜拜。孔子的影响，再也无法从这片城池消失。

建水紫陶

儒家的思想在建水县除了体现在建筑风格上，还呈现在陶艺上。

早在新石器时代，中国人就发明了陶器。随之而生的陶艺作为一项综合艺术，通过人的审美，让这种中国古老的传统工艺在建水发挥着其最原始最朴素的生机。对于消费者而言，陶瓷代表了一种本源的生活美学，但对于制陶人而言，他们就是这些生活美学的提炼者，虽然他们的工作环境异常简陋，虽然他们的制陶动机并非单纯的为创造美，虽然他们并没有意识到自己就是美学提炼者之一，但这些的的确确，真真实实地发生在建水。

与宜兴陶、钦州陶、荣昌陶并称"中国四大名陶"的云南建水紫陶，其最闻名的是"刻坯填泥"和"无釉磨光"这两项工艺，如此繁复的工艺让人体会到专注和耐心有时候是一场非常好的考验，虽然成品经常会让人眼前一亮。但由于地处偏远地带再加上观念的传统，所以精进的工艺长期以来并不怎么为人所知。

"时运交移，质文代变"，"文变染乎世情，兴废系乎时序"，文化和风俗习惯是人们在长期劳动和社会生活的过程中，根据自身需要创造并形成的，同时它也必然随着时代的进程不断演化。自建水紫陶"刻坯填泥"和"无釉磨制"的工艺特征确立以来，人们对建水紫陶的认识，已经逐步偏向于狭义这一层的认知。

团山人的制陶手艺得追溯到中原的移民时期，正是因为这批移民，才使得中原的生产技术、江西的陶瓷、浙江的纺织来到了建水。就像当地人所说："从明代开始，很多大姓家族来到建水之后，带来了很多先进的制陶技术和先进的内地文化。"

在建水当地，每个制陶的手艺人都有一间属于自己的陶坊，不得不说这是一种幸福。巨大的陶瓷在这里诞生，陶将们的手在泥土中也塑造出面目不同的陶制器皿。放眼望去，大大的陶罐非常有安全感地立在陶坊的土地之上，它们在这里诞生并走向市场去接受人们的审视。仔细观察陶坊中已经制成的陶器，偌大的紫陶作坊中放满了看似中原时期远古的陶器，一个又一个陶制品接连产生，可以从纹路看出它们历史的久远；可以从颜色判断出它们表达的意境；可以从形状看出它们最广泛的用途。人与陶制品的关系就这样诞生在这个简陋的窑洞与迁徙而来的团山文化之中。

建水的制陶以距离团山村不远的宛窑村的建水紫陶最具代表。仔细研究"建水紫陶"一词，在这里存在的意义非常广。广义的"建水紫陶"不仅包括云南建水及周边在历史上任何一个时期内所生产的任何一种陶制物品，也不论是民间日用的锅、碗、壶、罐、装饰性的陶砖、陶瓦等普通釉陶、青花陶，还是制作考究、精雕细刻的陶质陈设器物、文房用品，只要是出产于建水就都可称为建水陶。因此，广义的建水陶更多的是一个地域概念，并不单纯是工艺特征和艺术风格上的指代。那么，狭义的建水紫陶就不仅仅是地域上的概念了，它主指的是一种特殊的制陶工艺和陶艺类型，详细说来便是：创制于明末清初，具备"刻坯填泥"和"无釉磨光"工艺特征的建水陶制作技艺及其制品。这类建水紫陶制品选料严格、做工精良、造型优美，它不以日常实用为最终目的，更多的是满足于人们的审美需求，是一种具有明显创作意识和文化观念的艺术造物活动。

走进宛窑村的一个制陶作坊，只见一个工匠的手里满是泥胚，正在制作陶器。泥坯在他的手里旋转、变形，随后梦幻般成为了一个可使用器皿的样子。制陶作坊中还有其他的制陶人，有的如日常般做着他的工作——取土、怄泥、做土锅。有的工人抱起重重的已经完成的陶罐子，放在搅拌好的黄色颜料中，陶罐就轻而易举地沾染上了漂亮的黄色的边晕。而每一个人的面前，各式各样的紫陶器皿摆了一地。

小师傅，你在做什么？

做土锅。

你学拉坯几年了？

两年。

今年几岁了？

十六岁。

怎么不读书呢？

读书不好玩。

拉坯是谁教你的？

我姑爹。

你们都是一家人？

恩。

曾有人说，制陶是东方人内心里很深的情结，某种层面上，它和我们的生活连接最深。面朝黄土背朝天，从来都是形容农民耕地的状态。但是在团山建水，却可以用来形容从山上取土的窑工们的工作状态。背着镰刀，爬上满是黄土的山脊，去发现能够在水中合成为泥的窑土。建水制陶的工艺还保留着远古时期最淳朴、最简单的手法，而且这样的工作没有让他们大富大贵，仅仅维持着最基本的温饱。然而，制陶无论是在前期的采集阶段，还是在后期的合成阶段，都让建水人留有一种精神，一种超出世俗的精神享受。

其实制陶本身如同一场禅修，在陶窑之中，除了机器运作的声音，你基本上听不到其他声音。而禅修最重要的就是静，所以制陶的人大多有着修行者的姿态，他们从容稳重、安静细腻。如此的意境与建水当地的地貌特征有着不容忽视的交错之感。由于建水气候温和、物产丰富、文化兴盛、商贾繁荣等客观条件，为滇南民族民间艺术的发生和发展积累了丰富的资源，从而使得建水陶的产生制作拥有了良好的经济、文化环境。其实从清代以来，建水紫陶历史上就出现了潘金怀、张好、黄占林、张桂生、叶子湘、王定一、王式稷、向逢春、李月桥等一大批技艺超群的陶艺名家，尤其是向逢春，在建水紫陶"色泥刻填"和"磨制抛光"的技术上做出了重要贡献。所以如果评价说，建水紫陶在我国陶瓷工艺中拥有悠久的历史和独特的工艺，一点也不为过。它如同一块璞玉长期深埋在云之南的大山之中，等待着被更多的知音发现。

一件建水紫陶作品的制成，一般需要经过十到十几道复杂的制作工序。除了烧制，其余工艺都必须全部或大部依靠手工完成。因此建水紫陶的制作基本不可能由一个人单独完成。在传统的建水紫陶制作工艺中，一般分为制泥、拉坯、绘制、刻坯、填泥、精修、烧制和磨制八个程序，并且分别由专人承担各个工艺的制作。

首先将不同的制陶黏土分别捣成粉末，加水和成泥，然后泥要来回地揉，揉得均匀了，手感就出来了。在制作前要把空气排干净，然后一点一点很薄地往前推。这是最传统的做法，没有真空滤泥机时就是这样排空气的。

筛弃粗砂后，按制陶的要求把不同的粉末原土进行配比，再放入缸内加水制成浆状搅拌淘洗，等含砂的浆泥沉落到缸底之后，再用勺取上面的漂浆倒入另一只缸内作再次淘洗。这样反复五六次，让它在封闭状态下自然凝干成泥，这时的泥料已经腻的像膏脂，没有任何砂粒了。一批陶器的大小就靠这样来控制了，由于泥料的细腻，一个师傅一掂就知道大小，小一点都知道。

一位制陶人边制陶，边讲解着制陶的工艺。我在一旁观看，有时神经会跳脱出他所讲解的内容，注意力会聚集到这个注重制陶细节的男人身上，你会发现这些精美的陶艺品并非偶然所成，陶艺所呈现的正是这些制陶人在创造陶艺上倾心于实用之物。而制陶对于这些陶艺人来说，不仅仅是一种谋生手段，一种文化的传承，一种深到骨髓的热爱，更是安身立命之本。

制陶人从技术平凡到技术精湛，不仅需要时间的磨炼，更需要有一颗专业的技艺之心。当这些平凡无奇的泥土在熔炉中百炼成器的时候，一个制陶人也在此得到了最好的锻炼。现代社会有一种追求"零瑕疵"的风潮，陶瓷业却不随波逐流，因为制陶人认为瑕疵也是种生命痕迹的体现。关于"什么是真实？什么是美"的探讨，陶工匠们就像一个个身怀魔法的魔术师，用双手解答着这个有些抽象的问题，让泥土在他的手中呈现出的样子给予美最好的诠释。老一辈的制陶人看重的是制陶的使用价值，而现代的陶艺人们，看中的除了其使用价值以外，还有审美价值，因为在物质如此发达、选择如此多样的今天，陶器的使用已经变得完全不主流，所以能够使用陶器的人，绝不仅仅只是看中陶器的使用价值。

从制陶工作坊中走出来后，你的脑海中一定会浮现出这样美好而恬静的画面——在宁静而安逸的工坊中，制陶人在精细地雕琢着他手中的泥土，屋檐下的小燕子也正在雕琢自己的小窝。的确，生活中需要一些温暖存在，即使严肃的制陶工艺也一样拥有造梦的功能，恬淡、温暖、细腻是这些陶艺赋予生活的内涵。

在城市中，精美的陶艺一般都是在博物馆，抑或是在精美的陶器工坊出现，作为器皿它们得到的关注很少；不过在建水城里，建水人不仅是陶艺的创造者，更是与之相伴一生的陪伴者。艺术创造的激情与生存的欲望是连在一起的，他们履行着传承艺术的使命，令陶瓷艺术至今在建水仍有着举足轻重的地位。有些人说，三个千年中，建水就占了两个千年——千年古城、千年紫陶。无论是制造陶艺的人还是欣赏和使用它们的人，都将承载着古老工艺所展现的幸福之气，让生活的美好再度拉近。

初绽的果实

固东镇素来有"腾北重镇"的美誉，它还有一个很美的名字——古银杏村。珍贵的百年银杏树，让这个小村庄显得格外古朴和深邃，"村在林中，林在村中"相互依托。

"红藕香残玉簟秋。轻解罗裳，独上兰舟。云中谁寄锦书来，雁字回时，月满西楼。花自飘零水自流。一种相思，两处闲愁。此情无计可消除，才下眉头，却上心头。"写下这阕《一剪梅》的人，是有"千古第一才女"之称的词人李清照，用"一半是海水，一半是火焰"来形容她很是恰当。

"一半是海水，一半是火焰"，看似矛盾，但都发生在李清照的一生中。前半生，李清照受到殷实家庭的庇护，并在父亲李格非的影响下饱读诗书，父亲李格非是进士出身，同时也是苏轼的学生，所以当时的李清照被赋予"自少年便有诗名，才力华赡，逼近前辈"的美誉。之后李清照又幸运地嫁得一位她非常中意的贤郎赵明诚，生活可谓是幸福美满。美好是藏不住的，在李清照前期的作品中，满溢着悠闲生活的意境。但好景不长，命运给了李清照下半段人生一杯苦茶。李清照出嫁后的第二年，朝廷内部激烈的新旧党争把李家卷了进去。先是因金兵入主中原，她与家人流落南方，又遭丈夫赵明诚病逝，后来李清照的命运动荡不安、流离失所。时代让经历了表面繁华实际却危机四伏的北宋在末期动乱不已，同时也让这位奇女子的一生充满了"人比黄花瘦"的色彩。

自古至今，每当人与文化遭遇历史的更替，从某种层面上来说，到最后都难免有种无法以最开始的样子继续下去的尴尬，所以有故事的人与事，需要带有随时可以剖析和分辨事物真相的眼睛，也要带有一种初次相见的陌生，让故事在一次又一次的讲述中释放全新的能量，能量或为正或为负，这都不重要，重要的是这是一个开始，赋予一个故事新的生命而抛掉过去的种种不堪。就像再多情的女子也禁不住命运多舛一样。所以，幸福很多时候来自一个全新的认识，如四季更替，万物新生。

满城落尽黄金果

腾冲县位于云南省西南部，曾经作为被移民所主宰的土地，是西南"丝绸之路"的枢纽，同时也是一条繁荣兴盛的商业通道。从远处观望腾冲，高黎贡山横亘在这条本应该"一路通天"的商业通道中间，今天看来，人们寻找幸福的脚步并没有因为它的"临门一脚"而放弃。今天的腾冲，依旧可以从它繁盛的样子看到当年的景象：大部队行进于此，这里大部队的行进和其他的行进方式不同，因为来到腾冲一地的是军队，也就是移军。对此，一直有人表示疑惑：移军难道是为了战争，与选择生活栖息地毫无关系吗？为何来到此地的是军士？追根溯源，元宪宗三年。据说由大理国点苍山莲花峰芒涌溪人高升泰之子高泰运而起。当时高泰运的势力在腾冲府。待其兄弟高泰明死后，高泰明的儿子高智昌被定罪流放他乡，因条件艰苦，高智昌病死异地。但是段玉明的《大理国史》中记载，认为是高泰运将高智昌杀死而篡夺了相国之位。最终，高泰运之后，高泰明的儿子高明顺又夺回了相位。也就是此时，时间的年轮来到了元朝，元朝在腾越大地上分别设立藤越州、藤越县、腾越府，这些别称说的都是今天的腾冲府。而后，元人就把腾冲当做军事重地来对待，并在此扎下了营寨。民国时期，也许这个地方自古有着与军事相交的历史，无独有偶，在公元一九一一年十月二十七日，腾冲人张文光、刘辅国发动了腾越起义，打响了云南辛亥革命的第一枪。移军也就顺理成章地成为当地的最大移民潮。

幸福很多时候被用来与个人感受相对应，但所有的幸福都来之不易，它需要环境、需要天时、地利、人和。老祖宗说的话句句是精髓，无论是哪一个年代都无从推翻。为了寻找一个可以幸福的地方，多少代人都在努力，于现代人而言，我们也在寻找一个更好的地方，寻找一个能够考验智识、心界与勇气的地方。曾经的腾冲的历史故事，那些金戈铁马、生灵涂炭、哀鸿遍野并没有实现那一个个小小个体的幸福，而仅仅为的是成就这座位于中国西部云南西南连接亚洲大陆中部和南部的桥梁。

人生是一场修炼。"安时处顺"的文化精神其实很多时候是踩着历史的节奏走到现代人的生活中的。庄子的思想中就有疏导和领悟两个关键词，看似简单、平淡的思想，却可以使人们认识并体验到自己在自然界中的位置——不要对超越自己控制能力的自然存在做无用的抵抗，要始终持有一种与自然保持和谐的生活态度，尤其是当强迫观念出现时。这就像腾冲汉族的祖先在七百年前从中原为戍边而来，带来的是云南滇西北腾冲的和顺人的"顺应自然，随遇而安"的思想。

　　腾冲的夏季是从阴雨绵绵开始的，因为它地处亚欧板块与印度洋板块相撞交接的地方，地质史年代发生过激烈的火山运动。由于两个大陆的漂移碰撞，使腾冲成为世界罕见并且是最典型的火山地热并存区。方圆一千平方公里，有九十九座火山，八十八处温泉。有火山堰塞湖湿地，北海湿地，全国唯一的城市瀑布叠水河瀑布、低温温泉暗河坝派巨泉和热海高温温泉、黑鱼河等等奇观。特殊的地貌带来湿润的空气，一切自然界的馈赠给万物生长提供了足够的养分。

　　从腾冲县城驱车四十余公里，就到了固东镇，固东镇是腾北经济、文化、商贸的中心，在几百年前，受到中原文化的影响。选择在这里安家落户的是从四面八方来到此地的中原将士。如今已经发展到八百多户人家，而且全部是汉族。

　　固东镇素来有"腾北重镇"的美誉，它还有一个很美的名字——古银杏村，珍贵的百年银杏树让这个小村庄显得格外古朴和深邃，"村在林中，林在村中"相互依托。

　　银杏，又叫作白果，在长枝上散生，在短枝上簇生。银杏的种子就像它本身的果实一样。它在每年四月开花，十月成熟。有考证说，银杏是世界现存的种子植物中最古老的孑遗植物，和它同纲的所有其他植物都消失了。

　　在这座银杏村中，古银杏树有三千多株，其中，树龄在五百年以上的有五十余株，另外还有中幼林一千亩。随着时间的流逝，无论是那些有着上百年树龄的银杏，还是刚刚栽下土的幼苗，它们都毫不犹豫地把根深深地扎进脚下这片土地。每年夏天，印度洋送来的雨水，浇灌着这片土地，日复一日年复一年才有了现在被人们所看到的根深叶茂的银杏林。

银杏作为一种生长缓慢的树，缓慢到爷爷辈种树到孙子辈才能结果，它本身就像是时间的代言人。如果生活在别地，很少能有人见到真正高大古老的银杏树。想象中，它应该生长在冷冷的山阴里，孤独地望着蓝天，并试着用自己的枝干去摩挲过往的白云。但来到银杏村才发现，生活在这里村民很自然地把房屋错落有致地建在银杏树的四周。古银杏树就像是这个村落的大家长，每天欢聚在这片家园，幸福从它粗粗的树干和绿莹莹的树叶就可以得知。尤其到了秋天，推开门，满眼望去，房前屋后到处都是大大小小的银杏树，有种"满地落黄金"的感觉。

银杏村种植银杏的历史已经有好几百年了，村里有银杏树数万株，绝大部分都是母树。村中传说银杏的母树不开花只有公树才会开，也有的说母树开花是不能看的。村中曾经有个年轻姑娘因为好奇，晚上偷偷到银杏林中看母树开花，结果遭到了不测，从此村里再没人敢去看母树开花了，所以大家谁也不知道母树开出的花究竟是什么样的。

其实翻看科普书籍便可得知，银杏母树也会开花，只是花期比较短，母树开花就好比人们常说的"昙花一现"，而且通常在深夜才开花，所以人们也很难看到。

到了银杏成熟收获的时候，果实缀满枝丫，让人心里看了觉得满满的。银杏的采摘和其他的果实不同，成熟的果实要靠体力强壮的男人爬到树的中间段，手脚并用地摇动树枝、树干。这个时候，银杏就像雨点一样掉落到地面上，很轻盈地弹跳着。当地人，他们的手指应该已经习惯了接触那些柔软枝叶的感觉，其实那种攀摘令人惊讶，你似乎能够感觉到那些枝丫强忍着被扯低，又默默无语地看着果实不断地洒落地面。年复一年，人们摘取的是那些树的馈赠。

收获的人们怀着喜悦的心情，两三个人影徘徊在银杏树下，不停地拣着落满地的金色小果儿。这些珍贵的小东西像繁花一样开在泥土之上，给收获的人们以满足和惊喜。随后，它们便被放到竹筐中，不一会儿，满满的筐中溢出的金黄也让人们感受到了大地和自然的温暖，从心灵中漫溢的感激不单是这棵树所赐予的果实，更是这日久天长的互相依赖。

万事不离其宗。在"士和民顺"的传统的观念下，银杏村的村民过着田园牧歌般的生活。"采菊东篱下，悠然见南山"，这样的怡然自得，如同是一杯咖啡，有人觉味苦，有人说其香；有人能够享受这样的悠然生活，也有人觉得只与银杏树相伴未免单调。但留在这里的人，一定是享受这样惬意生活的。当年，他们的祖先来到这里时，带来了银杏种子，也许有人来自生长银杏的地方，也许他们希望通过银杏树来表达对于故乡的怀念，也许是出于对于银杏的喜爱，种种原因人们在这里种下了第一棵银杏树。那些曾经小小的银杏种子，如今已在新的家园中成长为高大、茂盛的参天大树。

土地的包容和宽厚孕育着生命，使其在此地繁衍生息，让所有与它有关的人也好树也好都有一片幸福的沃土。在距离银杏村不远的和顺县，生活在这里的祖祖辈辈有种"不安分"的生性，他们喜欢走。"穷走夷方富走厂"是流行在民间的一句俗语。一位满脸皱纹的老者娓娓道来："在我们这个地方，无论你是读书，还是外出做什么，你必须要外出闯荡江湖去。结婚后半年不出门，别人就说你没出息，在家贪妻恋子，乡亲都看不起这种人，认为这种人的人格不好。所以结婚后，都要出门，到夷方去。"

夷方，一个听起来代表着理想和希望、能够发财致富的天堂，那里却是他们永远不变的追求和梦想国度。说起"走夷方"，许多上了年纪的人，都会诉说一段悲惨的历史：

新中国建立前，"走夷方"是非常普遍的事情。

很多人在自家的庄稼收成后，就结伴外出开始"走夷方"，足迹遍及至今的西双版纳、思茅、德宏，乃至缅甸、泰国。他们有的做生意，有的买卖各种日用百货。采购的日用百货，大多为英国的产品。因为，当时的缅甸是英国的殖民地，以至有的人到缅甸，说成是到英国。人们把当时从"夷方"买来的日用百货，都称为"洋货"，如洋火（火柴）、洋刀、洋铲、洋斧、洋电（手电筒）等等。

这些因贫穷到中缅边境一带的打工者，不计其数。许多打工者，有去无回，有染疫疠、瘴气而亡的，有被土匪抢劫而被打死的，以至南华民间有"只见奶奶坟，不见爷爷冢"的说法。而每一个"走夷方"的人，都是因为梦想的驱使，因为财富的诱惑，抛下家园、亲人，去往这个不可知的远方。

想象中的幸福原来收获的那么不容易。随着时间更替、物是人非，始终扎根于此的银杏树仿佛一位充满智慧的老者记载着这里的世世代代、祖祖辈辈的情谊。虽然流动在这里的人们不断地驻扎、离去，但这座始建于明朝历史悠久的汉族古镇始终保持着原有的样子。当季节来到夏天的时候，湿漉漉的气候使得眼前的万物，在这轻轻飘落的细雨中向世人展现着村落风貌、民居建筑、民间工艺的精致，这些古香古韵之中蕴含着用时间累积的来自民间的智慧。民国元老李根源先生曾在诗中如此赞赏和顺县："远山茫苍苍，近水河悠扬，万家坡坨下，绝胜小苏杭。"

顺着小苏杭的影子，清道光年间那些走夷方的男人绝对可以算作细腻男人的代表了。这些出走前的男人们，不忘细心地为家乡的女人修建了洗衣亭作为临行前的"信物"，心思细腻由此可以一目了然。在和顺，洗衣亭并非只有一个，只要继续沿着小河和荷塘走，每隔一段就会看到一个古朴典雅的小亭子矗立在水边。你经常能看到村妇在小亭子里洗衣、纳凉。想想曾经，这里也曾是遥望远方、寄托相思的地方，仿若随便一个女子站在这里，就可以脱口而出："恨君不似江楼月，南北东西，南北东西，只有相随无别离"。

无独有偶，在银杏村时不时就会听到山泉的回响，如一曲琴音，渐渐地，琴音就像注定般地雕刻在银杏树的年轮中。也许在孤独的岁月中，在银杏果实渴切地等待中，山泉的回响对人们犹如爱的回应、丰收的渴望。

村子里的人一直认为银杏有延年益寿的功能，因为村子里百岁以上的老人就有好几个。而银杏的价值对于汉民族而言，绝对是一个接地气的真真的存在。

先说说这个"接地气"，《续汉书》上曾经这样记载："候气之法，于密室中以来为案，置十二律琯，各如其方，实以葭灰，覆以缇縠，气至则一律飞灰"。是否有人去做这样的试验去证明，不得而知。但土地有生命，会呼吸，会吐纳，会冬眠，会滋长，这样的事实还用去证明吗？当然不必。生命存在于土地，就像它的责任就是把土地的营养往树干中输送，把果实的重量不断地积攒于枝丫之上，简单明了的非让这银杏成熟不可，像个尽忠职守的农民一样，它是一本把根深深地扎进土地里的书，没人敢说它没有地气。

银杏果儿此时此刻是真，亦是幻，真来自沉甸甸的存在，幻则是人们对它的期望和期待。这就像在水中反复淘洗的过程，黄澄澄的果实在清亮亮的水中肆意地跳动，曾经浇灌它们的人儿们手中握着他们收获的最为丰盈的果实。一颗小小的黄金果，就这样迎接着收获，用一种绽放的姿态。

魂兮归来话皮影

古代的移民，从大处说，是国家发展战略的需要；从小处说，浸透着一个一个家庭迁徙的艰辛泪水，犹如把一棵棵树连根拔起，重新被移植。

在这里生与死，光和暗，爱和苦，原来如此这般接近——以兽皮或纸板做成的人物剪影，在隔亮布的背后，在光和暗的配合之下，演绎出人生中爱和苦的节奏。有人说，这样的讲述，是皮影戏的舞蹈。

皮影戏的传说，发生在两千多年前——

汉武帝爱妃李夫人染疾故去，武帝思念心切至神情恍惚，终日不理朝政。大臣李少翁有一日出门，路见孩童手拿布娃娃玩耍，影子倒映于地栩栩如生。李少翁心中一动，便找来棉帛裁成李夫人的影像，涂上色彩，并在手脚处装上木杆。入夜围方帷，张灯烛，恭请皇帝端坐帐中观看。武帝看罢龙颜大悦，就此爱不释手。

这个载入《汉书》的爱情故事，被认为是皮影戏最早的源头。在明朝，皮影戏随着那些迁徙的艺人们而来，传说、历史故事，就这样通过一个个灵魂附体的影子，鲜活地再现了一次又一次。

回到现实中，腾冲的皮影戏已经走过了六百年的历史。这里最早的皮影业，可以追溯至道光十年和咸丰二年的固东镇甸苴乡坝头的张家寨和李家寨的两个皮影戏班，这两个皮影戏班分别以张老阔和李老白为代表，俗称"神戏班"。据说当时，两个皮影班带着"家伙"和伙计们演遍了全县各村各寨，大大传播了皮影戏的表演技艺，在全县名噪一时。而腾冲的空气中，也因为有了这些鲜活的影子，让乡村寂寞的长夜充满了生机，皮影戏伴随着祖祖辈辈们度过了许多欢乐的时光。

张老阔的真名叫张国玉，是腾冲皮影有史可考的最早的皮影艺人之一。据其墓志记载："张公国玉，生于清嘉庆八年，幼习技艺，长继班联，宽宏大量，才堪于世，享年八十余寿。"

另一个叫李老白，原名李登，叫他老白源于他唱词清楚明白。后来他的儿子李志兴继承和发扬了他的戏班。1940 年，李志兴从夷方表演归来，不幸染疟疾死亡，于是戏班无人继承，致使地方皮影业失传。

对村里的人们而言，他们更愿意相信皮影人身上具有一种神性，它们能够拉近时间和空间的距离，也能让人类彼此之间相近但又相远，互相观赏又有所提防。皮影戏的制作过程将"神性"的属性发挥到了极致：

首先，将羊皮、驴皮或其他兽皮的毛、血去净，随后经过特殊药物处理，使皮革变薄并呈半透明后，涂上桐油。

具有生灵气息的皮毛送到艺人们的手中之后，各种人物的图谱将通过灵巧的双手描绘于其上。之后再用各种型号的刀具刻凿，涂抹上颜色。他们在绘画染色方面很有讲究，女性发饰精美，衣饰多以花、草、云、凤纹样作为图案。这其中，男性的图案多为龙、虎、水、云这样象征阳刚的纹样。忠良人物为五分面，反面人物为七分面。人物造型与戏剧人物一样，生、旦、净、丑角色十分齐全。

过去村民一家大小穿的衣服大都是妇女们买回布料后用手工缝制的，其实那时候自家织布已很少见到了，经她们手缝制的传统中式大襟或对襟的服饰，更是少见。相比较皮影的缝制、雕琢、上色，手工繁复于普通衣衫几倍，让这些皮影戏艺人们乐此不疲。

在腾冲的皮影戏中称剧本为"桥丹"。每个戏班都存有一些剧本，但在实际的传承时，"桥丹"并没有占据多么重要的地位，这取决于腾冲皮影戏在表演上强调的即兴诙谐。腾冲的皮影剧善于表演古代战争或神话故事，这里面刀枪剑影、云云雾雾、人喊马嘶……三国戏、列国戏、封神戏、水浒戏、西游戏、说唐、说岳、薛家将、杨家将等等，都是即兴发挥，可谓在传承之上升华着"柳荫栓战马武将夜谈兵""威风凛凛坐将台众将文武两边排""万岁圣旨记心上万马军中把路开"的精彩场面……

老艺人们的智慧让皮影戏在腾冲得到了传承，每当夜晚降临，表演团队中的几个老伙计抬着工具箱，在广场上开始拾掇着晚上需要的表演器具：低胡、中胡、高胡、板胡、丝弦、三弦、笛子等等，腾冲皮影艺人读不懂简谱，却看得懂"的得谱"和"锒铛谱"。

皮影组装好后挂在绳子上，光完成这个过程老人们就得忙活大半个小时。与此同时，广场上悠悠然地聚拢了自十里八村赶来的村民。对于来看表演的村民来说，看皮影戏像赶集一般，可以与亲朋好友互相交流。表演皮影戏的艺人们，与其说是静坐其中，专注地仰望着、挥舞着幕布上的人物，不如说是一同融入了热闹欢喜之中。以前，乡村里有看皮影表演只能看两晚的规矩，因为第三晚是给神看。如今皮影戏已经成为当地比较常见的表演形式。

王国维《人间词话》云，古今之成大事业、大学问者，必经过三种之境界：

昨夜西风凋碧树。独上高楼，望尽天涯路，此第一境。

衣带渐宽终不悔，为伊消得人憔悴。此第二境。

众里寻他千百度，回头蓦见，那人正在，灯火阑珊处，此第三境。

面对皮影表演征程的漫长与艰辛，世世代代的老艺人们如果没有千百次的求索，就不会有瞬间的感受。每当戏剧落幕，幕布前人去场空，速度之快不仅引人遐想，也许是"交际"的目的已经达到，观众们散去时应该是心满意足的吧。但那回荡于每个人心中的无限悲凉的唱腔，至少在当晚绝绝不能忘怀。天上，明月早已悬在中央，发出清冷的光。地上，只剩下最后一个表演者和最后一个皮影。繁华过后，留在心里的那一份淡定，那一份从容，那一份清醒，清淡如水，安静如月，自在平宁，如此顿悟之人真正得到的是那份心满意足的幸福归属感。

银杏村以"村在林中，林在村中"的自然风光闻名。

银杏被赋予了很多文化内涵，被誉为"养老树"、"和谐树"、"爱情树"。

银杏属雌雄异株植物，雌树经雄树授粉
才会挂果，一株雄树能辐射几公里范围。
因此每到银杏收获时，周围的农户总会
主动送 2～3 斤银杏果给有雄银杏树的
农户作为答谢。

不要说什么文艺不文艺清新不清新，就是敢承认，我们想要的是美好。

草在结它的种子，风在摇它的叶子。我们站着，不说话，就十分美好。

生命的闪耀不坚持到底怎能看到，
与其苟延残喘不如纵情燃烧，
为了心中的美好，不妥协直到变老。

美好一直在不断地过去，所幸的是它们都是及时发生的。

《迁徙——在寻找幸福的路上》摄制人员名单

总策划人：赵　金　覃信岗　赵树清

总出品人：杨于明

出品人：李晓风　米息尔·诺尔

策　　划：李建生　马晓东　徐志伟　孙曾田　邓启耀

总导演：周卫平

总摄影：周卫平

撰　　稿：叶多多

后期导演：许立峰

执行导演：周　洲

摄　　影：周卫平　余小龙

解　　说：李德锋

音　　乐：张千一　张　可

翻译/文学统筹：史　中

营销策划：曹诚博

发行总监：曹诚博

编　　辑：刘峻翊　董蕴玮

制　　片：陈昆华

司　　机：周映光　梁昆林

技术协力：张瑞卿　许力峰

监　　制：李晓风　王　珂　朵　翔　赵琼芳

鸣　　谢（亲历者）：卓　玛　曹　菊（曹姑娘）　大　冲　阿　三
　　　　　李富珠　娜珠拉姆　次　仁　张志强

图书在版编目（CIP）数据

美好永远得来不易 / 周卫平，澹台瑞芳著. -- 北京：中国友谊出版公司，2015.1

ISBN 978-7-5057-3469-2

Ⅰ.①美…　Ⅱ.①周…　②澹…　Ⅲ.①幸福-通俗读物　Ⅳ.①B82-49

中国版本图书馆CIP数据核字（2015）第019767号

书名	美好永远得来不易
作者	周卫平　澹台瑞芳
出版	中国友谊出版公司
发行	中国友谊出版公司
经销	北京时代华语图书股份有限公司　010-83670231
印刷	北京中科印刷有限公司
规格	880×1230毫米　32开
	6.5印张　90千字
版次	2015年4月第1版
印次	2015年4月第1次印刷
书号	ISBN 978-7-5057-3469-2
定价	36.00元
地址	北京市朝阳区西坝河南里17-1号楼
邮编	100028
电话	（010）64668676